小动物中毒病学

张辉　李奥运　主编

化学工业出版社

·北京·

内容简介

本书分为总论和各类小动物中毒病两部分，共十三章。总论部分包括绪论，小动物中毒病的病因、诊断、治疗和预防，毒物的器官毒性。各类小动物中毒病部分包括食源性中毒、药物中毒、常见家庭日用品中毒、农药中毒、动物毒物中毒、植物毒物中毒、灭鼠药中毒、矿物类物质中毒、工业毒物中毒、其他中毒等。每种中毒病从中毒机理、临床症状、诊断技术、预防治疗等方面进行介绍。

本书文字简练，通俗易懂，科学实用，主要用于动物医学专业本科生和专科生教材，也可作为兽医技术人员和临床医生的良好参考书。

图书在版编目（CIP）数据

小动物中毒病学 / 张辉，李奥运主编. -- 北京：
化学工业出版社，2025. 6. -- ISBN 978-7-122-47900-6

Ⅰ. S856. 9

中国国家版本馆 CIP 数据核字第 2025SY4891 号

责任编辑：邵桂林　　　　　　　　　　文字编辑：樊贵丹　　师明远
责任校对：李露洁　　　　　　　　　　装帧设计：关　飞

出版发行：化学工业出版社
　　　　　（北京市东城区青年湖南街 13 号　邮政编码 100011）
印　　装：北京云浩印刷有限责任公司
850mm×1168mm　1/32　印张 8¾　字数 232 千字
2025 年 8 月北京第 1 版第 1 次印刷

购书咨询：010-64518888　　　　　　　售后服务：010-64518899
网　　址：http://www.cip.com.cn

定　　价：55. 00 元

编写人员名单

主　编　张　辉　李奥运

副主编　常振宇　李　英　王　蒙

编　委（按姓名汉语拼音排序）

　　　　　常振宇　西藏农牧学院

　　　　　孔庆辉　西藏农牧学院

　　　　　黎远亮　华南农业大学（博士）

　　　　　李　坤　南京农业大学

　　　　　李　英　华南农业大学

　　　　　李奥运　河南农业大学

　　　　　廖建昭　华南农业大学

　　　　　刘　凯　华南农业大学（博士）

　　　　　刘娟娟　铜仁职业技术学院

　　　　　刘云欢　南京农业大学

　　　　　汪亚革　河南农业大学

　　　　　王　蒙　温州科技职业学院

　　　　　张　辉　华南农业大学

　　　　　张　燕　贵州农业职业学院

　　　　　张丽鸿　甘肃农业大学

　　　　　张文倩　中国农业大学（博士）

前言

我国的小动物数量一直保持着全球领先地位，特别是宠物犬和猫，它们已经成为许多人生活中不可或缺的一部分。然而，小动物中毒病的发生率却在持续上升，这对其健康构成了巨大的威胁。目前，小动物中毒病已经成为临床兽医学关注的热点和重点研究领域之一。小动物中毒病发生率不断上升，与它们的生活环境有着密切的关系。一些平时对人类无害的药品和日用品，可能会引起小动物中毒，威胁其身体健康，严重的甚至影响生命安全。在农业生产中，对于大多数的中毒病，研究者们的关注对象主要是家畜和经济类动物，他们在这方面的研究已经有了一定的基础，并出版了许多相关的书籍，但目前在国内，关于小动物中毒病的参考书目仍然相对较少。为了掌握小动物中毒病的诊断和治疗基本知识以及最新进展，我们特意编写了本教材。

本书分为总论和各类中毒病两部分，共十三章。第一部分总论，包括绪论（由李奥运负责编写），小动物中毒病的病因、诊断、治疗和预防（由张辉、刘娟娟负责编写），毒物的器官毒性（由张燕负责编写）；第二部分各类小动物中毒病，包括食源性中毒（由李坤负责编写），药物中毒（由李英、廖建昭负责编写），常见家庭日用品中毒（由刘凯、常振宇、孔庆辉负责编写），农药中毒（由王蒙、汪亚苹负责编写），动物毒物中毒（由张辉、王蒙、汪亚苹负责编写），植物毒物中毒（由刘凯、黎远亮、常振宇、孔庆辉负责编写），灭鼠药中毒（由刘云欢、常振宇、孔庆辉负责编写），矿物类物质中毒（由张丽鸿、张文倩负责编写），工业毒物中毒（由张丽鸿负责编写），其他中毒（由李坤负责编写）等。每种中毒病从病因、发病机理、临床症状、诊断、预防治疗等层面进行介绍。为了方便读者阅读领会，全书尽量做到文字简练、通俗易懂、科学实用。

本书主要用于动物医学专业本科生和专科生教科书，也可作为畜牧业从业者、宠物主人和宠物医生的参考书。

由于小动物中毒病学涉及的学科领域较多，编者在资料收集过程中难免会有遗漏，加之编者水平有限，不足之处在所难免，恳请专家与读者提出宝贵的意见和建议，以便再版时进一步完善。

编者

2025. 3. 1

目录

第一部分

总 论

第一章

绪　论

　　小动物中毒病学是研究小动物中毒病的病因、机理、病理变化、流行规律、诊断和预防的科学。近年来，以宠物猫和犬为主要代表的小动物领域经历了迅速的发展，然而伴随此发展的是，小动物中毒病的发生率呈现日益上升的趋势，这给小动物的健康和整个经济发展带来了巨大的威胁。目前，小动物中毒病已经成为临床兽医学的关注重点和重要研究领域。

　　随着分子生物学和细胞生物学相关技术的迅速发展和广泛应用，研究者们能够从分子水平揭示毒物与生物机体之间的相互作用。特别是通过深入研究生物大分子的作用机制以及生物体对毒物的效应，为小动物中毒病的防治和化学物危险度的评价提供了重要的理论依据。小动物中毒病学的发展不仅关注病因和诊断方法，还着眼于预防措施的制定和实施。通过深入了解毒物与生物机体之间的相互关系，科学家们能够提出更有效的预防策略，减缓小动物中毒病的发生发展，从而维护小动物的健康和促进养殖业的可持续发展。

◉【本章导读】

　　小动物中毒病学是研究小动物因各种内外源性毒物所造成中毒

性疾病的学科。本章节将为读者介绍小动物中毒病学的相关基础知识，以帮助读者更好地了解和学习小动物中毒病学的相关知识。

◉【学习目标】

1. 掌握小动物中毒病学的理论基础。
2. 掌握中毒病的诊断方法和步骤。
3. 学习解毒和治疗中毒病的手段。
4. 理解预防中毒病的措施和策略。
5. 掌握小动物中毒病的预防和控制技术。

◉【本章概述】

毒理学是一门庞大而复杂的学科，而小动物中毒指的是在特定情况下，小动物接触到药物、矿物元素、家用产品、植物、化学物质（杀虫剂、除草剂等），甚至食用食品等而导致的中毒症状。以下将对国内外小动物中毒病的发展情况、小动物中毒病的危害、毒物的分类等作简要概述。

第一节　小动物中毒病学的发展概况

一、杀虫剂和除草剂研究

杀虫剂和除草剂在农业生产和日常生活中被广泛使用，目的是提高作物产量和减少病虫害。然而，小动物可能会直接或间接接触到这些化学物质，而导致中毒。其中，有机磷酸酯类、氨基甲酸酯类（如涕灭威、克百威和灭多威）、有机氯类（如硫丹和林丹）是导致中毒事件发生最常见的杀虫剂。有机磷酸酯类和氨基甲酸酯类化合物通过竞争性地结合到乙酰胆碱酯酶（AChE）的甾体位点，抑制乙酰胆碱与乙酰胆碱酯酶的结合，导致乙酰胆碱在肌肉、腺体和中枢神经系统的神经连接处积聚。猫被认为比犬更容易受到

AChE 抑制剂的影响，年幼、年老和虚弱的动物更容易受到影响。

灭鼠剂是仅次于乙酰胆碱酯酶抑制剂的第二大导致动物中毒的原因，尤其是第二代抗凝血灭鼠剂。第一代抗凝血灭鼠剂（如华法林、氯鼠酮等）被认为是中等毒性的化合物，因为它们需要较高的剂量才能发挥毒性作用，而第二代抗凝血灭鼠剂则在低剂量即可产生致命效果，增加了非目标物种发生中毒事件的可能性。抗凝血杀鼠剂、氯醛糖、磷化锌和马钱子碱也常导致犬中毒。

除草剂通常被怀疑但很少被证实对宠物有毒。其中，草甘膦是最广泛使用的除草剂之一，仅有极小的可能性导致动物中毒。对于草甘膦的液体配方中使用的表面活性剂，如聚氧乙烯胺，存在可能导致小动物中毒的怀疑。伊维菌素和哌嗪对动物有毒性作用，主要影响中枢神经系统，引起的临床症状包括行为障碍、颤抖、脊髓麻痹、虚弱、失明等，严重时可能导致休克、呼吸困难、呕吐和共济失调。对于猫和犬，哌嗪的神经毒性通常表现为肌肉震颤、失调和行为障碍。

二、矿物元素中毒研究

在矿物元素中毒领域，铅中毒的机制尚未完全了解，但在所有物种中都表现相似。根据 Byers（1959）的研究，摄入的铅很少被吸收，被吸收的部分以二盐基磷酸铅的形式进入软组织，然后转移到骨骼，并以几乎不溶性的三盐基磷酸铅的形式储存。Scott（1963）的研究发现，肠胃临床症状在年龄较大的犬身上更为常见，而年幼的犬更容易在应激情况下出现。初期临床症状通常包括厌食、呕吐和腹部绞痛，常伴随腹泻，偶见便秘以及皮肤皮屑增多和眼球凹陷等。

三、植物中毒研究

在植物中毒领域，小动物中毒的大部分案例与意外摄取观赏植物有关，特别是百合科和天南星科植物。以百合花为例，已经证实其可能导致猫的肾脏中毒。猫在摄取后的 24h 内，可能会出现肌酐和尿素升高、蛋白尿、氮质血症、血尿、无尿以及肾脏衰竭。据Fitzgerald（2010）的研究，猫在摄入后 3～6d 内可能死亡，而犬在摄取百合花后通常表现为呕吐和胃肠道症状，但是在大剂量摄入时并未观察到急性肾衰竭的迹象。铃兰是一种多年生花园或草本植物，被认为是心脏剧毒植物之一。铃兰含有心脏毒素，如铃兰毒苷和铃兰苦苷等，会引起强烈的洋地黄样作用；犬和猫是最容易受到影响的动物，中毒时往往导致死亡。有报道指出，英国的月桂樱花、鸟樱花和蕨类植物中含有生氰糖苷，可能导致犬中毒，表现为呼吸困难、共济失调、倒地抽搐等症状。装饰性灌木类植物，如火棘，也含有生氰糖苷，可能导致犬中毒。

四、药物中毒研究

在药物中毒方面，小动物中毒的主要原因之一是接触到人类使用的药物。中毒可能是由于宠物主人滥用药物、超说明书使用药物，或更常见的是由于意外摄入储存不当的药物。Kore（1990）的研究指出，非甾体抗炎药（NSAID）对不同物种的毒性存在明显差异。例如，猫对乙酰水杨酸（阿司匹林）更为敏感，因为其体内葡萄糖醛酸化能力较差，而犬对布洛芬和萘普生的中毒更为敏感。Savides（1984）的研究报告称，猫误食对乙酰氨基酚导致中毒的机理是由于它们的葡萄糖醛酸化能力差，代谢对乙酰氨基酚的效率低，剂量依赖性生物转化的阈值较低，硫酸化途径的容量有限。H1-抗组胺药是治疗过敏性疾病的药物，犬猫误食 H1-抗组胺药中毒主要表现为中枢神经系统抑制症状，有时可能导致昏迷和致命的呼吸抑制。高剂量的抗组胺药可能对中枢神经系统产生刺激作用，尤其是对幼龄动物，一般出现抗胆碱能迹象，如黏膜干燥、瞳孔放大、心动过速，以及呕吐和腹泻等症状。对于钙通道阻滞剂，其对猫狗的中毒可能是致命的，症状包括抑郁、呕吐、腹泻、低血压、心动过缓、癫痫发作和呼吸系统症状。研究发现猫致死病例中摄入巴氯芬的中位数为 14mg/kg，而非致死病例为 4.2mg/kg；狗的致死剂量尚未确定，然而有报道称 2.3mg/kg 剂量可以导致 8 周龄犬死亡。

五、家用产品中毒研究

研究发现宠物经常因接触家用产品而导致中毒，包括碳氢化合物、家用燃料、二甲苯和其他用于油漆的混合溶剂。特别是在猫身上，这些接触通常导致高死亡率。根据 Coen 和 Weiss（1966）的研究，犬、猫乙二醇中毒的主要毒剂是由酒精脱氢酶作用产生的代谢物将乙二醇氧化成乙醛。乙醛进一步氧化成乙醇酸，而乙醇酸的代谢产物包括乙醛酸和草酸，后者与钙结合形成草酸钙，导致肾脏损伤和低钙血症。乙醇是一种双碳醇，存在于各种产品中。根据 J. A. Richardson（2013）的研究，一旦被犬、猫摄入，乙醇会迅速被胃肠道吸收并穿过血脑屏障。乙醇的确切作用机制尚不完全清楚，但怀疑其可能通过抑制脑细胞中的 N-甲基-D-天冬氨酸受体和相关的环磷酸鸟苷的产生来发挥作用。其临床症状通常在摄入后 1h 内出现，包括中枢神经系统抑制、共济失调、昏睡、镇静、低体温和代谢性酸中毒，最终可能导致动物昏迷和严重的呼吸抑制。

六、食物中毒研究

犬摄入葡萄及其干制品（葡萄干、苏丹果和醋栗）可能导致犬的肾衰竭，同时可能出现腹泻、厌食、嗜睡和腹痛等临床症状。然而，葡萄诱导的肾毒性的确切机制目前仍未完全了解。中毒机理似乎涉及一种肾脏毒剂或特异性反应，导致低血容量休克和肾脏缺血。有报告指出摄入新鲜啤酒花和废啤酒花可能导致犬发生恶性高热症。

澳洲坚果中毒症只在犬身上有报道，根据 R. A. Mckenzie（2007）的报告，其毒性的作用机制目前尚不清楚。诱发毒性所需的剂量也没有准确确定。临床症状一般在摄入后 12h 内出现，可能包括无力（特别是后肢无力）、抑郁、呕吐、共济失调、震颤、高热、腹痛、跛行、僵硬、弯腰和黏膜苍白。

犬摄入巧克力会出现中毒症状，最初的临床症状一般在摄入后

2～4h内显现，包括烦躁不安、多尿症、尿失禁、呕吐，也许还有腹泻。犬可能处于兴奋状态，并表现出明显的高热和心动过速。随着中毒的发展，可能会出现高血压、心律失常、室性早搏、肌肉僵硬、共济失调、癫痫发作和昏迷。心律失常或呼吸衰竭可能导致死亡。E. K. Dunayer（2004）的报告指出，犬摄入木糖醇可能导致中毒。L. A. Murphy（2012）的研究指出，在犬身上，木糖醇是一种强有力的胰岛素释放刺激物，能导致血糖水平急剧下降，进而引发严重的低血糖、急性肝功能衰竭和凝血功能障碍。其他可能的临床表现包括血小板减少、低钾血症和高磷血症。然而，造成肝脏损伤的确切机制尚不清楚。E. K. Dunayer（2006）报道称肝功能衰竭与木糖醇代谢的三磷酸腺苷消耗有关，导致肝脏坏死或产生损害肝细胞的活性氧。

第二节　小动物中毒病的危害

小动物中毒病的危害具有多方面性，包括危害小动物健康、影响经济发展、损害人类健康等，可主要概括为以下几个方面。

1. 危害小动物健康

小动物中毒病可能对宠物和野生动物的健康产生直接或潜在的不良影响。中毒症状可能包括神经系统抑制、器官功能损伤、免疫系统受损等，甚至可能导致死亡。

2. 影响经济发展

小动物中毒病会给畜牧业和宠物产业带来负面影响。治疗和控制中毒病所需的医疗费用，以及因中毒导致动物死亡造成的损失，都可能对相关产业的经济状况产生严重冲击；中毒病还可能会给小动物的生产性能带来严重影响，导致其消瘦、不孕、流产率增加等。

3. 损害人类健康

部分小动物中毒病可能对人类健康构成潜在威胁。通过与患病动物接触或因食用受污染的动物产品，人类可能受到有害物质的侵袭，导致健康问题。

4. 影响环境生态平衡

部分中毒病可能通过影响食物链和生态系统，对环境生态平衡产生负面影响。这可能涉及野生动物的生存和繁衍，以及整个生态系统的稳定性。

5. 影响社会心理

小动物中毒病的发生可能引起社会关注和担忧，尤其是在动物养殖、动物保护和环境保护方面，进而可能导致公众对相关行业的担忧和质疑，影响社会心理健康。

总体而言，小动物中毒病的危害涵盖了小动物健康、经济发展、人类健康、环境生态平衡和社会心理等多个层面。因此，加强对小动物中毒病的防控和治理，对于维护整个社会系统的健康和稳定至关重要。

第三节　中毒的分类

人类最早对毒物的认识主要源于自然界中的有毒矿物质以及动植物中的天然毒素。随着工业的快速发展，化学物质的种类和数量显著增加。这些化学物质在农业和畜牧业中得到广泛应用，有效提高了生产力，改善了人们的生活水平。然而，与之伴随而来的是由于化学物质的广泛应用而导致的一些中毒事件。目前，对于不同来源的有毒物质尚缺乏系统的分类方法。但由于实际需要，还是有必要根据有毒物质的来源、用途、毒物作用的靶器官以及毒物的结构进行分类，以便更为清楚地认识它们并有效应用和处理。从毒物的来源和用途角度考虑，可分为以下几类：

1. 食物源性中毒

食物源性中毒包括因误食某些人类食物而引起的中毒，如巧克力、洋葱、大葱、葡萄、葡萄干、木糖醇等。当犬、猫大量食用或误食这些物质时，可能引发中毒。

2. 真菌毒素中毒

真菌毒素中毒指动物采食了受真菌污染的饲料而引起疾病。真菌毒素是指产毒真菌在其生长、代谢过程中产生的有毒代谢产物。这些真菌毒素的种类繁多，而大多数真菌是非致病性的，只在动物饲料等基质中生长并产生有毒代谢产物。已经确认有200多种能产生毒素的真菌，其中有50多种真菌在自然条件下能引起动物中毒，包括曲霉菌属、镰刀菌属、青霉菌属等。真菌毒素不仅可使动物发生各种中毒病，还具有致畸、致突变、致癌和免疫抑制的作用。

3. 有毒植物中毒

一些植物含有毒素，这些毒素是植物本身产生的代谢产物，因植物种类的不同而有显著差异。当犬、猫直接接触或误食这些有毒植物时，可能引发生理异常或功能障碍性中毒，从而影响它们的正常生活，甚至导致死亡。常见的有毒植物类型包括木本植物、草本植物、室栽或装饰植物等。

4. 家庭用品中毒

家庭用品中毒主要源于人们日常生活中使用的各种化学品，包括腐蚀剂（如酸、碱）、洗涤剂、干燥剂、溶剂、驱虫剂（如樟脑丸、卫生球等）、消毒剂等。在使用过程中或存放不当时，动物通过接触或误食这些物品可能导致中毒。各种动物都可能发生这种情况，但宠物是中毒的常见受害者。中毒的常见症状包括急性胃肠道症状，如呕吐、腹泻，有时还可能导致肾脏损伤，引发急性肾衰竭。因此，在家中使用这些化学品时，应特别注意存放，以确保动物的安全。

5. 农药等化学物质中毒

农药中毒是指犬猫无意接触到家中放置的农药或者接触到喷洒过农药的植物而引起中毒。常见的农药中毒包括百草枯中毒和有机磷中毒。此外，灭鼠剂如毒鼠强、氟乙酰胺、敌鼠钠、溴敌隆等抗凝血类灭鼠剂中毒，也可能发生在动物误食含有这些灭鼠剂的食物的情况下。其他杀虫除螨剂（有机物），如氨基甲酸酯类、氯代烃类、有机磷杀虫除螨剂、植物源性杀虫剂、硫和石灰硫黄合剂等，以及除草剂，尤其是含有氯酸钠、硼砂、砷酸盐、三氯乙酸等物质的除草剂，都可能导致中毒。现代工业发展也带来了更多有害气体的排放，如一氧化碳（CO）、硫化氢（H_2S）、二氧化硫（SO_2）等，如果犬、猫接触到工厂附近的水源或长时间吸入有害气体，也可能引起不同程度的中毒。

6. 药物中毒

临床常见的小动物药物中毒可分为兽药中毒和人用药物中毒两类。

兽药中毒：是指临床上治疗和预防动物疾病时，由于药物剂量过大、用药时间过长、配伍不当、使用伪劣药物等原因，导致动物机体发生功能性或器质性改变而出现的病理性状态。不同药物的药理和毒理作用各异，如伊维菌素（大环内酯类）、氨基糖苷类抗生素、磺胺类药物等，可能损害中枢神经系统、神经肌肉接头、心血管系统、血液系统、肝脏和肾脏等器官。

人用药物中毒：一些常见的人用药物，如布洛芬、对乙酰氨基酚（扑热息痛）等，如果在家中储存不当，易被犬、猫误食，引发中毒。特别是布洛芬，摄入过量可能导致胃肠道刺激与出血，对猫的致死剂量较低。对乙酰氨基酚也需小心，一次较高剂量就可能导致胃肠道刺激、出血，甚至肾衰竭与死亡。

7. 矿物质类毒物中毒

自然界中存在多种矿物质，其中一些是动物机体必需元素。动物可以通过饲料、饮水等途径获得这些矿物质，但摄入过量也会导致中毒。此外，工业生产中的无机污染物可能残留在环境中，通过食物链进入动物体内，产生毒害作用。常见的金属矿物质中毒有汞中毒、铅中毒、铜中毒和镉中毒；类金属及非金属矿物质中毒包括无机氟化物中毒、砷中毒、硒中毒等。

8. 动物毒素中毒

动物毒素中毒是指体内带有毒汁或毒素的动物（如蛇类及昆虫类等）通过咬伤、刺蜇等途径侵害其他动物机体而引起的中毒。一些常见的动物毒素包括蛇毒、斑蝥毒、蜂毒和蚜虫毒。

第四节　展望

小动物中毒病学是临床兽医学的重要组成部分，主要关注于犬、猫等小动物的健康。中毒病对小动物的生命健康构成了巨大威胁，同时也直接影响小动物相关经济的发展。鉴于小动物中毒病病因的复杂多样性以及大多数中毒病缺乏特效药物，未来的研究和实践需要更加深入和多层面的探索。

1. 分子生物学和细胞生物学的应用

面对中毒病的复杂性，应该积极采用分子生物学和细胞生物学等先进技术。通过从分子水平揭示小动物中毒病的发病机理，我们能够深入了解疾病的内在原因。这将为未来的治疗方法和药物研发提供基础，有望推动小动物中毒病治疗水平的提高。这也为科学家们寻找简单有效的诊断方法奠定了基础，提升对患病小动物的准确诊断和治疗的能力。

2. 科普宣传的重要性

小动物中毒病的大量科普宣传，对于社会公众、宠物主人以及相关从业人员都至关重要。通过科普宣传，人们可以更好地了解中毒病的预防和应对方法，降低发病率。加强对中毒源的认知，提高饲养和管理的规范性，有助于预防一些常见但可避免的中毒病。同时，科普宣传还能够增强社会对小动物健康的关注，促进相关产业的良性发展。

3. 综合应对策略的建立

未来的研究还需要建立综合应对策略，通过整合不同领域的专业知识，形成治疗、预防、科研和宣传的全面体系。这种综合性策略有助于更全面地了解小动物中毒病，提高治疗的成功率，降低患病动物的死亡率。通过国际合作，可以推动小动物中毒病领域的发展，分享先进经验和技术，从而更好地保护小动物的生命健康。

　　未来对小动物中毒病的研究应该致力于深入了解病因、发展先进治疗手段、加强社会宣传，以期构建一个更加健康、安全的小动物饲养环境。这不仅关乎小动物的福祉，也对整个社会的动物保护理念和科研水平提出了更高的要求。

【复习思考题】

1. 小动物中毒病学的定义是什么？
2. 小动物中毒病学的重点研究对象是什么？
3. 简述小动物中毒病学的历史发展背景。

小动物中毒病学

第二章

小动物中毒病的
病因、诊断、治疗和预防

○【本章导读】

在我们的日常生活中，小动物如犬、猫等，常常成为我们的好伙伴。当这些小动物面临中毒的威胁时，它们的安全与健康便成为我们首要关注的问题。本章将详细介绍小动物中毒病的病因、诊断、治疗和预防措施，帮助人们能更好地了解并应对这一问题。

○【学习目标】

1. 了解小动物中毒病的常见病因，包括误食有毒物质、环境污染、药物过量等。

2. 掌握中毒病的诊断方法，包括观察临床症状和进行实验室检查等。

3. 学习中毒病的治疗方案，包括清除毒物、使用解毒剂和支持性治疗等。

4. 学会预防中毒病的措施，如确保生活环境安全、合理使用药物等。

小动物中毒病是指在饲养或生活过程中，由于有害物质通过正常的采食、饮水、呼吸、皮肤或黏膜接触等途径进入小动物体内，引起其生理功能紊乱，从而导致中毒症状的一类疾病。一般情况下，我们所称的有毒物质是指进入动物机体后，由于其自身的某种特性，在动物的组织器官中发生特殊的化学反应，进而引起动物的组织器官发生病理变化，在最严重的情况下，这些变化可能导致动物死亡。能够引起动物中毒的有毒物质包括内源性毒物和外源性毒物。内源性毒物一般指动物采食的物质在体内再合成的毒素，主要是机体的代谢产物。外源性毒物一般指自然环境中存在的毒物，对饲养动物的毒性较强，有的外源性毒物甚至能够引起内源性毒素的产生。这些外源性毒物包括农药、动物毒素以及霉菌毒素等。由于小动物中毒通常会导致巨大的经济损失，因此，我们需要认识到动物中毒病的常见原因、诊断方法、治疗方案以及预防措施，以更好地防止小动物中毒病可能对畜牧业造成的不良影响。

第一节　小动物中毒病的常见病因与特点

中毒是指毒物经不同途径进入机体后所产生的毒性作用，常引起组织细胞结构与功能异常或损伤的病理过程。由毒物引起的疾病称为中毒病。

一、小动物中毒病的常见原因

导致小动物中毒的原因分为自然因素和人为因素两方面。

1. 自然因素

（1）有毒矿物质　土壤或水环境中存在的过量硒、氟、砷、铅、镉、钼、铋等矿物质元素，当被植物吸收后，可能使饲料中的含量超过小动物的耐受量，从而导致中毒。

（2）有毒生物 包括有毒植物、有毒动物、霉菌及藻类等。小动物饥饿或食物不足时，迫使其采食有毒植物引起中毒；或者小动物被爬虫、昆虫等动物咬伤、蜇伤，从而使动物毒素通过皮肤进入小动物体内引起中毒；或者是当小动物摄入被霉菌污染的饲料或含有蓝绿藻的水源也可能导致中毒。

2. 人为因素

（1）工业污染 工业排放的金属如铅、汞、铜、镉等，未经适当处理，污染周围环境，引起中毒。若含有放射性物质，则危害更大，甚至可致死。

（2）农药、化肥及灭鼠药等 化肥和农药的广泛使用，以及工业过程中产生的有毒有害气体作为副产品，常通过畜禽饲料进入小动物体内，导致中毒。灭鼠药和未处理的毒死动物尸体也可能引起中毒。

（3）饲料中毒 饲料加工或储存不当，引发腐败或霉变，导致饲料被污染，可能产生霉菌毒素和其他有毒物质，引发中毒。不当使用亚硝酸盐和氢氯酸也是常见的中毒原因。

（4）饲料添加剂 不合理使用饲料添加剂，如过量使用诱食剂、防腐剂、植物蛋白等，可能引发中毒。

（5）药物使用不当 药物过量、过快给药、长期用药以及不合理的药物配伍都可能导致毒性反应。

（6）人为投毒 恶意投放有毒物质也是引起小动物中毒的原因之一。

二、小动物中毒病的特点

小动物中毒病虽然属于临床普通病，但由于其发病的特殊性，尤其是群发性的急性中毒，发病急、范围广、损失大，因此区别于一般的系统疾病。一般中毒病具有以下特点：

（1）普遍性 小动物中毒病几乎在每个国家和地区都有发生，表现为发病普遍。

（2）群发性　通常小动物中毒病在相同的饲养管理条件下，许多小动物会突然同时发病，其临床症状相同或相似。

（3）地域性　受地理环境及植物生长特性的影响，某些有毒植物中毒、环境污染及矿物元素中毒等，都具有明显的地域性。

（4）季节性　某些中毒病的发生具有明显的季节性，例如有毒植物中毒与植物有毒部位的生长季节以及动物采食时间有直接关系，霉菌毒素中毒与霉菌的生长条件以及饲料储存的条件有关。

（5）无传染性　即使小动物中毒病具有群发性、地域性，但无传染性，不接触毒物的动物不会发病。

（6）无体温反应　发病动物的体温一般正常或低于正常，体温变化不明显。

（7）经济损失严重　主要因小动物直接死亡和疾病防治等原因，造成较大的经济损失。

第二节　小动物中毒病的致病机理

毒物引起动物中毒的机理一直以来都是国内外毒理学家及生物学家研究的重点之一，研究中毒的机理对于阐明毒物的作用部位、作用过程，探讨早期中毒诊断指标、中毒防治，发展新的检测技术，以及促进毒理学科的发展等都具有重要的理论与实际意义。由于对机理有不同的理解，因而对同一毒物中毒的解释角度也不同，目前中毒机理主要包括以下几个方面：

1. 直接损伤作用

在动物接触刺激性和腐蚀性毒物的过程中，对所接触的表层组织产生化学作用而造成直接损害，引起接触部位皮肤组织细胞变性和坏死。例如，强酸或强碱可直接造成细胞和皮肤黏膜的结构破坏，产生损伤作用。

　小动物中毒病学

2. 干扰生物膜的功能

首先，毒物通过作用于生物膜上的蛋白质和脂质，破坏生物膜的完整性。这种破坏可能导致细胞膜的通透性增加。同时，生物膜的结构破坏也会影响细胞内外的物质交换，影响细胞内部环境的稳定性。其次，毒物可能通过多种方式干扰易兴奋细胞膜的功能。这包括直接作用于细胞膜上的受体、通道蛋白等结构，影响它们的正常功能。这种干扰可能导致细胞信号转导混乱，影响细胞对外界刺激的应答，进而影响生物体对环境变化的适应性。此外，生物膜多细胞结构的形成是一个动态过程，包括细菌起始黏附、生物膜发展和成熟扩散等阶段。毒物的介入可能阻碍这些过程，导致生物膜的异常发育和功能受损。这种影响可能对生物体的整体生理状态产生持续的作用，从而引发潜在的健康问题。

3. 阻止氧的吸收、转运和利用

阻止氧的吸收、转运和利用是一种严重的毒理学机制，指的是某些毒物干扰动物体内正常的氧气代谢和利用过程，导致细胞和组织缺氧，从而引发中毒病症。这一机制涉及多种有毒物质，包括一氧化碳（CO）、硫化氢（H_2S）、氰化物等。

4. 干扰细胞能量的产生

这一机制主要通过干扰碳水化合物的氧化过程，进而影响三磷酸腺苷（ATP）的合成，从而对细胞能量供应产生负面影响。首先，碳水化合物的氧化是细胞内能量生成的主要途径之一。在正常情况下，碳水化合物被氧化成二氧化碳和水的过程中，释放出能量，用于三磷酸腺苷的合成。然而，某些毒物可能干扰这一氧化过程，导致碳水化合物无法充分氧化，能量产生减少。其次，铁在血红蛋白中的化学性氧化作用是一个典型的例子。这种氧化作用可能由亚硝酸盐引起，形成高铁血红蛋白，使其无法有效地与氧结合。这就意味着在这种情况下，携带氧的血红蛋白无法完成氧的运输，细胞内氧的供应不足。由于氧是细胞进行碳水化合物氧化过程的关键因子，其不足将直接影响到 ATP 的合成，进而影响细胞的能量生成。这种机制的拓展可以进一步关注其他可能导致碳水化合物氧化受阻的情况。例如，某些有机化合物可能影响细胞内氧化酶的活性，干扰酶催化的反应过程。另外，研究还可以深入探讨针对特定氧化酶或相关途径的干预策略，以减轻或防止毒物对细胞能量产生的不良影响。

5. 细胞内钙稳态失调

正常情况下，细胞内钙离子的平衡是由质膜 Ca^{2+} 转位酶和细胞内钙池系统共同协调控制的。这一复杂的调控系统保持细胞内外钙离子的平衡，维持了细胞的正常功能。然而，在受到毒物侵害时，这一平衡过程可能被打破，导致细胞内钙离子浓度的异常升高。细胞内钙离子浓度的升高可能通过多种途径引起，其中之一是由于质膜 Ca^{2+} 转位酶功能受到抑制或损伤，导致钙离子的内流增加。这种内流的增加可能直接影响细胞的结构，例如细胞膜的完整性和通透性，从而引发一系列的细胞损伤反应。其次，细胞内钙离子浓度的升高可能导致细胞内的重要大分子难以控制地被破坏。钙离子是细胞内多种信号转导通路的重要组成部分，包括一些调节酶活性和蛋白质功能的关键分子。当钙离子浓度异常升高时，可能触发一系列的信号转导级联反应，导致细胞内关键大分子的异常变化，进而影响细胞的正常功能。

6. 抑制酶活性

毒物通过抑制酶活性可以干扰细胞内的关键生物化学途径。例如，OPI（有机磷酸酯类）是一类常见的酶抑制剂，它们主要通过抑制胆碱酯酶（ChE）的活性而产生毒性。ChE 是一种负责降解神经递质乙酰胆碱的酶，其抑制会导致神经递质在突触间隙积聚，影响神经信号转导，引发一系列神经系统相关的中毒症状，包括肌肉麻痹、呼吸困难等。氰化物是另一类常见的酶抑制剂，它主要通过抑制细胞色素氧化酶的活性而产生毒性。细胞色素氧化酶是线粒体内的一个关键酶，参与细胞呼吸链的电子传递过程。氰化物的作用导致细胞色素氧化酶受到抑制，阻碍电子传递链的正常功能，最终引起细胞内氧化磷酸化过程的紊乱，影响细胞能量产生，导致组织和器官功能受损。此外，一些含金属离子的毒物也能抑制含巯基的酶的活性。巯基是一种含有硫原子的基团，在许多生物化学反应中扮演着重要的角色。毒物通过与巯基结合形成巯基金属络合物，干扰了巯基参与的酶催化过程，影响了细胞内的代谢调节和信号转导。

7. 干扰细胞或细胞器功能

干扰细胞或细胞器功能是毒物引起中毒病的重要机制之一，它涉及毒物与细胞内分子、膜结构以及细胞器之间的相互作用，导致正常细胞内生物学过程的紊乱，最终影响组织和器官的正常功能。如在体内，四氯化碳经酶催化形成三氯甲烷自由基，后者作用于肝细胞膜中不饱和脂肪酸，引起脂质过氧化，使线粒体及内质网变性和肝细胞坏死。酚类物质（如二硝基酚、五氯酚和棉酚）也可以干扰细胞功能。它们通过影响线粒体内的氧化磷酸化作用，导致解偶联现象的发生。氧化磷酸化是指在线粒体内，通过一系列酶的催化，将化学能转化为三磷酸腺苷（ATP），它是维持细胞正常功能所必需的过程。酚类的作用导致氧化磷酸化过程的解偶联，使得能量无法有效生成，从而阻碍了ATP的形成和储存。

8. 竞争相关受体

竞争相关受体是指某些物质与生物体内正常的生物调控分子或信号分子竞争结合于其受体位点，从而引起生理或生化效应的变化。这种机制在中毒病的发生过程中扮演着重要的角色，如阿托品过量时，通过竞争性阻断毒蕈碱受体产生毒性作用。

第三节　小动物中毒病的诊断

在小动物中，中毒是罕见的，但是一旦发现，就需要完善的诊断和治疗措施。准确的诊断是处理一个潜在的中毒情况的关键。这样的诊断可以为中毒动物提供适当的治疗，可以防止其他情况发生。但是没有一个简单的过程可以处理所有的中毒。相反，每个病例都需要按照一定的程序进行综合分析，包括一个完整的病史调查、临床和临床病理资料、化学分析的结果、生物测定结果等。

一、病史调查

对小动物中毒性疾病，病史调查是最基础的诊断手段。既往病史可能与诊断的关系不大，但是可以从病史中收集许多重要的情况。要通过询问和调查，了解病患的症状、发病情况；若为多养动物群体，还需了解发病数量和死亡数量，在排除其他疾病的前提下，怀疑是否有可疑毒物。

1. 一般调查

调查了解中毒病发生的时间、地点，饲养动物的种类、性别、年龄、发病以及死亡情况。

2. 调查中毒病的发生经过

在调查完发病动物的基本情况后，需询问饲养员一些具体情况。例如向宠物主人或饲养员了解发病前后，特别是发病前最后一次饲喂的时间、地点，饲料的成分、质量、颜色、气味，有无发霉变质现象，同往常有何不同。若有同养群体，其他动物是否同时发病，症状是否一致，是否经过治疗，用什么药物治疗，用药效果如何，死前有何表现，死后解剖有何特殊变化。了解动物摄入可疑饲料的持续时间，对于放养动物，需了解动物活动范围内的周边环境情况，是否有一些灭鼠药或其他药物残留，以及动物是否接触过垃圾、废料或其他动物等。

3. 调查周围环境，人员出入、停留的情况

留意小动物活动区域周边有无化学物品、废弃食物等潜在毒物源。查看近期是否有可疑人员出入，如携带农药、灭鼠药等。同时，了解人员在相关区域的停留时间与活动内容，判断是否存在无意间遗留毒物的可能。这些细节有助于精准定位中毒原因，为后续诊断和治疗提供有力线索。

4. 检查动物饲养场所

查清饲养场所是否有毒物（如杀鼠药、杀虫药、治疗用药品、肥料、石油产品及其他化学物质等）存在；是否曾经应用过这些毒物；或者动物是否接触过这些毒物，了解接触毒物的量。需仔细检查饲料和饮水是否被有毒植物、霉菌、藻类或其他毒物污染等。饮水也是最重要的调查对象之一，也要确保饮水是安全无毒的。

二、临床检查

临床症状对疾病的诊断具有重要意义，对中毒的诊断也是如此。大多数中毒病缺乏特征的临床症状，但仔细的临床检查可为诊断提供重要的线索。小动物发生中毒时，其在机体各系统呈一定的临床症状。

1. 消化系统症状

消化系统症状多为重剧的消化障碍和食欲废绝。表现流涎、呕吐、腹痛、腹泻、腹胀，粪便混有黏液和血液。

2. 神经系统症状

神经系统症状表现为瞳孔缩小或散大，精神兴奋、狂暴或沉郁、昏睡，肌肉痉挛或麻痹，反射减退或感觉消失。

3. 呼吸系统症状

呼吸系统症状表现为动物打喷嚏、咳嗽、呼吸困难、张口呼吸。

4. 泌尿系统症状

泌尿系统症状表现为腹痛、无尿、少尿、红尿、血尿、尿频、尿痛、尿淋漓、排尿困难。

三、病理学检查

对于小动物中毒，有时候需要进行病理学诊断，即将中毒动物进行病理剖解，用肉眼或者显微镜观察组织器官以获取准确的诊断。病理剖检在实际操作中应遵循由外到里、由浅到深的顺序，即体表检查，皮下脂肪、肌肉与骨检查，内脏器官检查，血液检查。

病理学检查结果应注意两点：①没有病变与广泛病变，在诊断上具有同等重要的意义。因为有的毒物可能引起广泛的肉眼可见病变，有的只引起轻微的显微变化，有的只导致功能变化而并不引起可见的形态学变化。②肉眼与显微镜检查的结果，对可疑病例的诊断具有同样重要的价值。

四、毒物检测

对毒物进行检测，是一种简单可靠的方法，因为这种检测可以在现场进行，主要检测中毒动物的血液、尿液、呕吐物以及饮水和饲料等。在留取这些物质的时候，需要注意留取的数量，以及做好标注，注明该物质的名称、留取时间、留取地点以及何种动物发病和发病动物的性别等。

五、治疗性诊断

小动物中毒性疾病往往发病急而迅速，当全面采用上述各项方法进行诊断时，往往会延误病情，无法及时进行治疗，甚至导致动物死亡。因此，可根据临床经验和可疑毒物的特性进行试验性治疗，通过治疗效果进行诊断和验证诊断。如阿托品和解磷定是有机磷中毒的特效解毒药。

六、动物实验

动物实验（复制动物模型）是在实验条件下，用可疑的饲料、饮水、中毒动物的胃内容物以及呕吐物去饲喂实验动物或者同类动物，然后观察实验动物的反应，确保是由于某种原因导致的中毒。动物实验结果为中毒疾病的诊断提供了重要的参考依据，动物实验在对饲养管理中的真菌、细菌和植物毒素的毒性作用很有价值。使用动物实验法诊断动物是否中毒时，实验动物最好选择与患病动物相同条件（如种类、品种和年龄等）的动物，有时也用小白鼠、兔、青蛙等，但所选动物必须是对可疑毒物敏感的。如犬、猫的有机磷中毒可用兔作为临床诊断的实验动物，有机磷中毒兔的血液学变化、临床症状以及病理解剖变化，都与犬、猫有机磷中毒高度相似，可作为犬、猫有机磷中毒确诊的重要依据。

七、小动物中毒病诊断的未来研究方向

随着科技的不断发展和毒理学领域的深入研究，小动物中毒病的诊断迎来了新的机遇和挑战。未来的研究方向集中在两个主要领域：早期中毒诊断指标的发展和新的检测技术的应用。

第四节　小动物中毒病的治疗

小动物中毒病（尤其是急性中毒）发病急剧，症状严重，病情发展迅速，应及时进行确诊，即使尚未明确为何种毒物中毒也应立即按一般治疗原则进行抢救，切忌优柔寡断、拖延时日而造成不可弥补的更大损失。中毒病的治疗原则是维持生命及避免毒物继续作用于机体。根据毒物入侵途径、中毒机理及不同动物的个体差异，可采取以下综合治疗措施。

一、除去毒源

立即停止采食和饮用一切可疑饲料、饮水，收集、清除甚至销毁可疑饲料、呕吐物、毒饵等，清洗、消毒饲饮用具、厩舍、场地；如怀疑为吸入或接触性中毒时，应迅速将动物撤离中毒现场。供给中毒动物新鲜饮水和优质饲草饲料，保持吸入新鲜空气和安静舒适的环境，尽量营造有利于康复护理的条件。

二、阻止毒物进一步吸收

阻止毒物继续被机体吸收是治疗中毒病的首要环节。根据毒物侵入体内的途径（经皮肤、口或呼吸等）不同，适当选择以下方法。

1. 清除皮肤和黏膜毒物

若是外用毒物黏附在体表尚未被吸收，则根据毒物的性质，选用清水或肥皂水洗涤体表皮肤和被毛，直至洗净为止。如有条件，可将动物放入盛满清水的浴盆中进行浴洗。

2. 清除消化道内的毒物

毒物进入消化道不超过 2h 的小动物，尚未完全吸收，应立即催吐使毒物从胃内吐出，以减少进一步吸收；在不能催吐或催吐后不能达到预期目的的情况下，可进行洗胃，在摄食毒物后 2h 内使用本法效果较好。若毒物进入消化道超过 2h，则大部分已经进入肠道，为减少其吸收，可灌服活性炭吸附毒物；灌服活性炭 30min 后，为了加速毒物从胃肠道排出，可使用盐类泻剂或石蜡油，不宜使用刺激性泻药。

3. 洗胃方法

准备好 1 根胃管和开口器及洗胃液（洗胃液有温盐水、温开水、1％～2％食盐水、温肥皂水、浓茶水和 1％碳酸氢钠等）。将动物完全麻醉或不全麻醉，也可用夹狗（猫）钳夹住动物，然后将开口器塞入口内，使动物头部和胸部稍低于腹部，将胃管沿中央小孔插入，经口咽部缓慢送入食道，然后将胃管送入胃内，并使胃管露出口腔外 5cm 左右。然后迅速用注射器向胃管注入洗胃液，洗胃液用量是 5～10mL/kg 体重。洗胃液进入胃内以后，应尽快用注射器回抽胃内液体，再注入洗胃液，反复数次，直到将胃内容物充分洗出为止。冲洗胃的洗液中加入 0.02％～0.05％的活性炭，可加强洗胃效果。

4. 肠胃灌洗

肠胃灌洗即将灌肠与洗胃结合起来，以加强排除胃内毒物的效果。其方法是：向直肠内注入温开水或温盐水，使温水逆行至胃内，再经插入胃内的胃管流出口外。当胃衰弱时，应减少洗胃次数和洗胃液用量。插胃管时，一定要仔细小心，防止伤及胃壁和食道。

三、解毒治疗

（一）应用解毒剂

1. 非特异性解毒剂

（1）催吐剂　具有催吐作用的药物，能够引起中毒动物发生呕吐，从而使误食进入胃内的毒物排出体外。催吐剂一般用于中毒初期，使动物发生呕吐，促进毒物排出。使用本法越早，其疗效就越好，在动物摄入毒物 4h 后，由于毒物已基本被吸收，其疗效则不明显。常用的催吐剂主要有阿扑吗啡和吐根糖浆。

（2）吸附剂　活性炭等吸附剂，可以吸附毒物，有效地防止毒物被机体吸收。吸附剂不受剂量的限制，任何经口进入动物体内的毒物中毒都可以使用，但使用吸附剂时要配合使用泻剂或催吐剂。常用的吸附剂主要是活性炭，治疗中毒应采用植物类活性炭。

（3）泻药　一般应用盐类泻药，如硫酸钠与硫酸镁，但硫酸钠的效果更强且更安全。使用时，硫酸钠或硫酸镁用量为每千克体重 1g，口服。另外，也可应用液体石蜡，犬 5～50mL、猫 2～16mL，口服。但禁用植物油，因为植物油易被机体吸收，加之有些毒物可溶于油类液体，故治疗中毒病禁用植物油。

（4）利尿剂　大部分毒物吸收后主要经肾脏排泄，因此可应用利尿剂促进毒物排出。小动物常用的利尿剂为甘露醇或速尿。若注射上述利尿剂后，不见尿液量增加，禁止重复应用。应用利尿剂后易引起脱水，故应配合输液。

（5）氧化剂　利用氧化剂与毒物间的氧化反应破坏毒物，可使毒物毒性降低或丧失。该方法常用于生物碱类药物、氰化物、无机磷、巴比妥类、阿片类、士的宁等的解毒，但有机磷毒物如乐果的中毒绝不能使用氧化剂解毒。常用的氧化剂有高锰酸钾、过氧化氢等。

（6）弱酸解毒剂和弱碱解毒剂　利用弱酸、弱碱与酸碱类毒物发生中和作用，可使毒物失去毒性。常用的弱酸解毒剂有氯化铵，可治疗弱碱性化合物（如苯丙胺、普鲁卡因酰胺、奎尼丁）中毒，使用剂量为200mg/kg体重，口服。常用的弱碱解毒剂为碳酸氢钠，可治疗弱酸性化合物（如阿司匹林和巴比妥类）中毒，剂量为420mg/kg体重，口服或静脉注射。

（7）维生素C　维生素C的解毒作用与其参与某些代谢过程、保护含巯基的酶、促进抗体生成、增强肝脏解毒能力和改善心血管功能等有关，大量的维生素C会对某些重金属如铅、汞、镉等的离子造成的中毒具有缓解作用。

（8）沉淀剂　能使毒物沉淀，可降低毒物毒性或延缓其吸收以产生解毒作用。常见的沉淀剂有鞣酸、浓茶、稀碘酊、钙剂、五倍子、蛋清、牛奶等，其中3％～5％的鞣酸溶液或浓茶水为最常用的沉淀剂，能与多种有机毒物（如生物碱）、重金属盐生成沉淀，减少吸收。

2. 特异性解毒剂

动物中毒之后，及时找到中毒原因，采用针对性强的特效解毒药，对于治疗动物中毒最为有效。及时应用特效解毒药和抗毒血清进行解毒治疗，能获得最佳疗效。如有机磷类中毒的特异性解毒剂由拮抗剂（阿托品、东莨菪碱、山莨菪碱等）和胆碱酯酶复活剂（氯解磷定、碘解磷定、双复磷等）共同组成，有机氟农药中毒的特异性解毒剂为乙酰胺（解氟灵），亚硝酸盐中毒的特异性解毒剂为亚甲蓝（甲基蓝、美蓝），氰化物中毒的特异性解毒剂则是高铁血红蛋白形成剂（如亚硝酸钠、4-二甲氨基苯酚）和供硫剂（如硫代硫酸钠）联合使用，金属与类金属中毒的特异性解毒剂多数为络合剂，如二巯基丙醇、二巯基丙磺酸钠、二巯基丁二酸钠、依地酸钙钠、青霉胺以及硫代硫酸钠等。

（二）中药解毒

常见解毒的中药材有绿豆、甘草、滑石、金银花和蜂蜜等。使用时，将一味或数味中药煎汤去渣取汁，100～200mL/kg，口服，2～3次/d。还可口服生鸡蛋清、牛奶，用于重金属及有毒矿物质的解毒。

（三）放血解毒

血针耳尖、尾尖和颈脉等穴，放出适量血液，既可去除血中之毒，又可祛瘀生新。

四、外科手术治疗

当毒物无法通过上述方法彻底清除时，可通过外科手术进行物理移除。剖腹清除胃肠道毒物能有效解决常规插管洗胃无法彻底清除胃肠道毒物的难题，能直接、快速、彻底地消除毒物在胃肠道内继续吸收的作用，是抢救口服毒物严重中毒小动物生命最快捷的有效措施。常用的外科手术有胃切开术、内窥镜手术等。如动物误食大型固体或者食入后体积变大的物体等导致中毒，可以麻醉后进行外科手术取出。

五、支持和对症治疗

为了改善器官功能，增强动物的抗病能力，促进动物尽快恢复，有必要给予支持和对症治疗。

① 缓解以至消除中毒的病理损害，如对异常兴奋病例应用镇静剂；对有严重出血者采用止血剂；对有严重胃肠炎者采用黏膜保护剂；以及如消除肺水肿，保护并加强肝脏功能，通过输液补充能量、电解质、维生素等各种营养物质，给予强心、安胎等措施，来增强机体的抵抗力，这些措施对抢治危急病例尤为重要。

② 保护体力，加强机体解毒功能，提高消化功能，以及在必要时加用抗感染疗法等，对于帮助动物耐过中毒损害，常具有良好效果。

③ 加强护理。为保持动物安静，应注意畜舍保温和干燥，充分供给新鲜易消化的食物和清洁饮水；对于异常抑制或卧地不起的动物，则铺以干净铺垫，并定时翻转躯体等，有利于病体康复。

总之，动物中毒的解救，宜尽早发现，尽快治疗。及时使用特效解毒药进行解毒，配合辅助治疗，可收到满意疗效。如果抢救过晚，错过治疗时机，则疗效不佳，甚至抢救无效导致动物死亡。

第五节　小动物中毒病的预防

小动物中毒病在造成经济损失的同时，也在一定程度上影响动物性食品的质量与安全。因此，在小动物饲养过程中，一般坚持以预防疾病为主、治疗疾病为辅的原则。

（1）规范饲料生产　饲料生产过程中要形成规范的程序，注意饲料的加工与调制，在饲料中适量地添加维生素、矿物质微量元素以及其他添加剂。饲料生产后，要储存在通风干燥的地方，必要时添加一些防霉剂，防止饲料发霉。

（2）注意农药的保管　农药以及其他具有腐蚀性或者有毒的药品，要科学保存，防止饲养动物误食。在使用过程中，注意不要污染水源或者饲料。装过农药的瓶子，应清洁处理，不乱扔乱放。

（3）预防"工业三废"的危险　尽量不在化工厂或者矿区附近建设饲养场，确保饮水的干净卫生、确保空气的清新以及确保没有化工废物。

（4）科学引导和合理用药　加强科学研究，探讨新型预防中毒的方法，开发新型饲料添加剂、解毒剂，提高小动物对毒物的耐受性，为中毒防治提供更多有效手段。治疗小动物疾病时，应遵从兽医的指导，按照药品使用说明正确用药，避免滥用药物和使用过期药物，确保用药的安全性和有效性。

（5）避免接触有毒植物和食物　对动物可能接触到的有毒植物进行识别和清理。对于洋葱、巧克力等易造成中毒的食物，应避免小动物接触、误食。注意饲料中的有毒植物成分，及时进行脱毒处理。

（6）宣传小动物中毒病的预防知识　预防小动物中毒病是对其

健康和寿命负责的表现，针对饲养者、兽医、养殖从业人员以及消费者，加强中毒病的相关知识宣传。通过推广预防知识，普及有毒植物的识别、中毒症状的辨认，提高大众对小动物中毒预防的认知水平。

【复习思考题】

1. 描述三种可能导致小动物中毒的常见物质，并简要说明其为何可能引起中毒。

2. 你认为小动物误食有毒物质的最常见原因是什么？

3. 描述在诊断小动物中毒病时，为何详细的病史调查至关重要？

4. 说明为何观察临床症状是诊断中毒病的重要步骤，并说出两种常见的中毒症状。

| 第三章 |

毒物的器官毒性

◉【本章导读】

　　毒物通过不同途径与机体接触或进入机体后，在一系列生物转运和生物转化等反应的影响下，其本身或代谢产物达到一定数量，与生物大分子相互作用于靶组织或靶器官，从而引起组织或器官的暂时性或永久性的功能性或器质性损害，产生不良或有害的生物学效应，被称为毒物的器官毒性（organic toxicity of toxicants）。器官毒性的特点在于动物机体在接触毒物后，首先引起靶组织和靶器官的结构与功能异常或损伤，然后表现出系统性、全身性的临床生理生化功能障碍。此外，大多数动物接触毒物后的毒性效应取决于剂量，但最终决定毒性效应的是化学毒物及其代谢物在作用部位（靶器官或靶组织）的浓度和持续时间。

◉【学习目标】

1. 了解毒物对各组织器官的毒性作用机理。
2. 掌握并分辨毒物对各组织器官的损伤类型。
3. 掌握并熟记对各组织器官造成毒性损伤的毒物类型。

● 【本章概述】

本章将重点介绍毒物对机体重要靶器官和各大系统造成毒性作用的毒物种类、发生机理、临床表现及其在疾病诊断中的作用。这将有助于兽医工作者根据器官毒性来推导病因、诊断疾病、评价疗效和推断预后。深入了解毒物的器官毒性有助于提高兽医对动物中毒病的认识，为治疗提供更为准确的指导，同时对预防和保护动物健康也具有积极的指导意义。在实践中，及早识别并处理器官毒性，将对动物的康复和生产性能产生积极影响。

第一节　肝毒性

肝脏是外源化学物产生毒性作用的主要靶器官之一。通常情况下，当接触外源化学物的剂量较低且时间较短时，非营养物质在经过生物转化后，其生物活性或毒性往往减弱，甚至失活，引起机体的功能性改变大多为可逆的。然而，存在一部分外源性化合物未被生物转化而代谢，它们可能进一步转化为具有更高毒性的代谢产物，如自由基和过氧化物，从而对机体造成损伤。当毒物引起的机体毒性效应超过其修复能力或修复功能失常时，可引起肝细胞的功能损伤，其组织或器官会遭受到不可逆的损害，形成肝毒性。外源性化合物及其代谢物常引起肝细胞受损，细胞反应程度可从轻度胞浆变化至重度肝细胞死亡，其他病理变化包括血管损伤、脂肪变性、炎性细胞浸润、纤维化、形成黄疸和肿瘤等，从而破坏肝脏功能。其中，化学毒物（如磷、砷、四氯化碳等）、药物或生物毒素所致的肝脏病变为中毒性肝炎，是常见的肝损伤疾病之一。其临床症状表现包括恶心、呕吐、腹痛、肝大、血清转氨酶增高，严重者可能出现急性肝坏死。同时，依据肝脏损伤程度还可进一步分为急性损伤和慢性损伤。肝脏对毒物的毒性反应主要依赖于毒物的暴露强度、影响的细胞类型以及化合物暴露的时间。引起肝损伤的常见毒物见表 3-1。

表 3-1　作用于肝胆系统的常见毒物

肝损伤类型	作用毒物
肝细胞死亡	雷公藤、铜、山豆根、乙醇、毒蕈、酮康唑、非甾体抗炎药
肝血窦异常	节球藻毒素、双吡咯烷类生物碱、微囊藻毒素
肝纤维化与肝硬化	砷、铁、乙醇、维生素 A、氯乙烯、双吡咯烷类生物碱
脂肪肝	四氯化碳、磷、乙醇、丙戊酸
肝肿瘤	黄曲霉毒素、雄激素、氯乙烯、伏马菌素、类固醇皂角苷、拟茎点霉属毒素
胆汁淤积	氯丙嗪、头孢菌素、环孢素、雌激素、何首乌
胆管损伤	阿莫西林、葚孢菌素、光敏性饲料

第二节　泌尿系统毒性

泌尿系统包括肾脏、输尿管、膀胱和尿道等器官。其主要功能在于通过肾小球的滤过、肾小管的重吸收和分泌，以及尿液的浓缩和稀释等生理过程，生成、储存和排出尿液，从而清除体内代谢产物，维持体液、电解质和酸碱平衡，保持机体内环境的稳定，促使正常新陈代谢的进行。此系统同时与许多机体功能和代谢活动密切相关。肾脏不仅是内分泌激素的降解场所和肾外激素的靶器官，还能合成具有激素类生理活性物质，如 $1,25\text{-}(OH)_2D_3$、肾素、促红细胞生成素、活性维生素 D_3、前列腺素、内皮素、激肽等，发挥重要的内分泌作用。这些激素在调节骨代谢、血压和造血功能等方面发挥着关键的调节作用。肾脏还是外源化学物质及其代谢产物排泄的主要器官，通过尿液排泄的化学物质数量超过其他排泄途径的总和。但当毒物的毒性效应超过肾脏的代偿能力和解毒能力时，可产生器官毒性，表现不同的肾脏损伤类型，一般轻者表现为炎症、结石等，重者表现为以肾小管上皮细胞变性和坏死为主的肾病和肾衰竭。其中大多数毒物引起肾脏损伤表现为细胞毒性，即毒物被肾小管上皮细胞重吸收和排泄，故在肾小管腔或小管上皮细胞内浓度增高，并进一步通过干扰肾小管滤膜转运系统功能、增强氧化应激、增多自由基的产生而还原型谷胱甘肽减少等途径造成肾小管细胞毒性反应。一部分细胞经细胞坏死或凋亡途径而死亡，另一部分受损不严重的细胞可启动细胞修复功能，逐步恢复肾单位的结构和功能。毒物引起的肾脏损伤常包括间质性肾炎、梗阻性肾病以及肾衰竭。许多外源性化合物具有潜在的泌尿系统毒性效应（特别是肾脏）。常见肾毒性毒物见表3-2，包括内源性物质如高钙、高磷、高尿酸及高草酸血症，均可引起肾间质-小管病；外源性物质如重金属、化学毒物、药物（包括抗生素、解热镇痛药、金属制剂、造影剂、利尿剂、中草药等）等。

表3-2　作用于泌尿系统的常见毒物

毒物类型	毒物名称
药物(除中药)	氨基糖苷类(新霉素、庆大霉素)、β-内酰胺类(青霉素、头孢菌素)、非甾体抗炎药(对乙酰氨基酚、阿司匹林)、磺胺类药物(磺胺嘧啶)、抗肿瘤药(顺铂)、免疫抑制剂、两性霉素 B、利尿药
植物	草酸盐植物(酢浆草、荞麦、茶树)、百合、栎树、藜
毒素	赭曲霉素、桔青霉素、卵孢霉素、蜂毒、蛇毒、覃毒、斑蝥毒
重金属	铜、汞、铅、镉、镍
农药	有机磷农药(对硫磷、敌敌畏)、有机氯农药[滴滴涕(DDT)、六氯环己烷(六六六)、氯丹]、除草剂(百草枯、敌草快)
化工物	乙二醇、苯酚、甲苯、溴甲烷、四氯化碳、1,2-二氯乙烷
中药	雷公藤、大黄、益母草、蓖麻子、麻黄、北豆根、马兜铃、天仙藤、巴豆、土荆芥、土牛膝、芦荟、鱼胆、全蝎、蜈蚣

第三节　神经毒性

神经系统主要由神经组织构成，包括中枢神经系统（脑与脊髓）和周围神经系统（神经和神经节）两大部分，二者相互联系，是机体最广泛、最精密的控制系统，既保持机体与外界的平衡，又支配和调节全身各组织器官的活动，使其适应内外环境的变化。大多数外源性化合物可进入机体并突破血脑屏障，通过影响神经递质、受体、细胞信号转导、离子通道、神经胶质细胞和胆碱酯酶等而产生神经毒性，导致神经元、轴突、髓鞘和神经递质等靶部位的功能损坏，最终导致神经系统的结构损害和功能障碍。此外，外源性化合物的毒性作用是否可逆，主要取决于毒物的暴露时间和终浓度，以及受损组织和功能的再生与恢复能力。与其他组织相比，神经组织的再生能力弱，甚至不能再生，这些内源性或外源性物质的不利影响会引起神经系统微观结构发生可逆或不可逆的改变，但以不可逆的改变为主。大多数外源性化合物进入机体后对神经系统的毒性作用具有一定的选择性，可专一或广泛损害神经系统的不同部位。而按损害部位和功能障碍不同，主要分为脑损害、小脑综合征、脑神经损害、脊髓损害、神经肌肉损害、周围神经损伤和其他精神症状。动物神经系统的毒性作用受诸多因素影响，其临床症状主要与外源性化合物的性质、剂量和接触途径有关，如铅是环境中广泛存在的重金属污染物，具有很强的神经毒性，可影响神经系统的多个部位。同时，某些化合物引起的临床症状还与动物种属、疾病发展的不同阶段有关，如有些动物初期表现为抑郁和痴呆，后期却表现攻击、癫痫、惊厥和抽搐等。因此，需重点关注毒物种类及其毒性效应下的临床表现，可大致把握病情发展并及时救治。表 3-3 列出了常见的神经毒性毒物，仅供参考。

表 3-3　作用于神经系统的常见毒物

毒物类型	毒物名称
药物	抗恶性肿瘤药(长春新碱、顺铂、环磷酰胺、紫衫醇)
	抗菌药物(氟喹诺酮类、β-内酰胺类、大环内酯类、氨基糖苷类)
	麻醉药(乙醚、氟烷、氨胺酮、硫喷妥钠、普鲁卡因)
	中枢神经兴奋药(苯丙胺、士的宁)
	镇静催眠药(巴比妥类、水合氯醛、甲喹酮、地西泮)
	抗癫痫药(苯妥英钠)
	抗精神病药(氯丙嗪、奋乃静、丙米嗪、三氟拉嗪)
	镇痛药(吗啡、哌替啶)
	传出神经系统药(乙酰胆碱、毒扁豆碱、烟碱、阿托品、筒箭毒碱、肾上腺素、去甲肾上腺素、普萘洛尔)
	长春碱、利血平、奎尼丁、地高辛、异烟肼、水杨酸
重金属	铅、锰、汞、铝、铊、铋
农药	有机磷酸酯类(毒死蜱、马拉硫磷、敌敌畏等)、氨基甲酸酯类(苯氧威、克百威等)、有机氯杀虫剂、抗胆酶杀虫剂、溴鼠胺、避蚊胺、除虫菊酯杀虫剂、磷化锌、双甲脒
植物	毒芹属、车菊属植物、含硫胺素酶植物、色胺生物碱、苏铁属、高粱属、山黧豆属
毒素	震颤毒素 A、肉毒毒素、破伤风毒素、蛇毒、伏马菌素

第四节　心血管毒性

　　心血管系统是由心脏、动脉、静脉和毛细血管组成的机体循环系统,执行众多生理功能,主要包括泵血、产生和传输电脉冲、维持血压、氧合血液、输送氧气和营养物质、清除废物、调节体温、内分泌作用、免疫功能、维持机体动态平衡等。外源性化合物的分布主要是进入血液后通过各种组织间的细胞膜屏障并与血浆蛋白结合而转运分布到全身各组织或器官。其中心脏因其生理特性而具备清除废物或毒素的生理功能，以及拥有体循环和肺循环系统，常使心脏接触较高浓度的毒物及其代谢产物，产生毒副作用，包括直接作用和间接作用。直接作用是外源性化合物影响心脏和血管的生理功能、生化特性以及形态和结构，从而引发血液循环功能障碍，导致心血管疾病。间接作用是毒物继发影响其他各器官组织的生命活动，尤其是那些依赖于血液提供营养和氧气的高度血管化的器官。心血管系统是多种毒物毒性作用的靶部位，常作用于细胞膜表面受体、第二信使系统、离子通道、离子泵与细胞器等，引起各种心血管系统功能紊乱或结构损伤，包括心律失常、心力衰竭、心肌炎与心包炎、心肌病、心脏瓣膜病、冠心病、血管炎等。但发生上述疾病时，机体有时候会开启保护机制，叫作心肌缺血预适应，使心肌对毒物的损伤作用产生适应和耐受，从而抗缺血再灌注心律失常、缩小心肌梗死范围、改善心肌代谢及其收缩和舒张功能等。心血管毒物指具有心血管毒性并可能引发心血管系统损伤和导致心血管疾病的物质的总称。心血管毒物的种类很多，具体见表 3-4。

表 3-4　引起心血管疾病的毒物

毒物类型	毒物名称
药物	强心苷类药、替米考星、甲基黄嘌呤、抗心律失常药（利多卡因）、儿茶酚胺类（多巴胺、去甲肾上腺素、肾上腺素）、抗肿瘤药（顺铂、多柔比星）、支气管扩张药（抗胆碱药物、β_2 受体激动剂）、钙通道阻断剂（维拉帕米、硝苯地平、地尔硫卓）、麻醉剂（速眠新）、抗组胺药（苯海拉明、异丙嗪）、免疫抑制剂（可的松）、中枢神经药（巴比妥类）
植物	紫杉、洋地黄、夹竹桃、金皮树、白蛇根草、棉酚、曼陀罗、乌头
化工物	乙醇、硝基芳香族化合物、甲烷、氯甲烷、有机氟、卤代烃类、多环芳烃类（苯并芘）
农药	TCDD、硫丹、DDT、维生素 D_3 杀鼠药、有机磷农药
重金属	镉、铅、钴、汞、银、镍、锰、镝
空气污染物	一氧化碳、二氧化氮、臭氧
其他	电离辐射、丙烯醛、蟾蜍毒素、蛇毒中的心脏毒素

第五节　皮肤、肌肉和骨骼毒性

外源性化学物对皮肤的毒性作用，大多是原发性损伤和过敏性反应的结果，有些是继发性感光过敏所致。而外源性毒物引发的肌肉毒性和骨骼毒性常是并发进行，常同时干扰肌肉和骨骼的正常结构和功能，并伴发其他疾病。引起皮肤系统和肌肉骨骼系统的常见毒物见表 3-5。

表 3-5　作用于皮肤、肌肉、骨骼系统的毒物

作用对象	毒物类型	毒物名称
皮肤	植物	呋喃香豆素、麦角、羊茅草、草酸植物、毛野豌豆、红三叶、杂三叶、蒿属植物、荨麻科植物
	药物	单端孢霉烯化合物、碘酊、吩噻嗪、磺胺药、四环素、醌类化合物、类固醇皂角苷、青霉素、链霉素、庆大霉素、卡那霉素、维生素 B_1、地塞米松、维丁胶性钙、疫苗
	化工物	二甲亚砜、氯化萘、氯仿、苯酚、丙酮、甲苯、甲醇、乙醚、乙烷
	重金属	钼、硒、碘
	毒素	葡萄穗霉毒素、葚孢菌素、蟾蜍毒素、炭疽杆菌
	农药	对硫磷、内吸磷、敌百虫、敌敌畏、氨基甲酸酯类杀虫剂
	其他	紫外线、花粉、松油、酸、碱、感光性饲料
肌肉	植物	草酸植物、蛇麻草、番泻叶、马卡达姆坚果
	药物	生钙糖苷、秋水仙碱、地塞米松、麻黄碱、阿托品、东莨菪碱、山莨菪碱、他汀类药物、可卡因、青霉胺、胺碘酮、阿司匹林、西米替丁、雷尼替丁、环孢霉素 A
	化工物	乙醇、二噁英、乙醛
	重金属	铅、汞、铜、铬
	毒素	肉毒毒素、佩兰毒素、蛇毒、黄蜂毒素、破伤风杆菌毒素
	农药	有机磷农药如对硫磷、内吸磷、敌敌畏、敌百虫、乐果、马拉硫磷、杀螟硫磷等
	其他	褐平甲蛛、维生素 D

作用对象	毒物类型	毒物名称
骨骼	植物	麦角、羊茅草
	药物	喹诺酮类药物、糖皮质激素、雌二醇、雷洛昔芬、肝素、华法林、苯妥英钠、苯巴比妥、双磷酸盐类药物、甲氨蝶呤、环磷酰胺、利尿剂、异烟肼、锂制剂、钙调磷酸酶抑制剂
	化工物	乙醇
	重金属	铅、镉、铜
	毒素	T-2 毒素
	其他	维生素 A、氮氧化物

第六节　生殖系统毒性

　　动物的生殖系统，分为雄性生殖系统和雌性生殖系统，其主要功能是产生生殖细胞（精子或卵子），分泌性激素（雄激素、雌激素和孕激素），繁殖新个体，延续后代。外源化合物会对雌性和雄性生殖系统的排卵、生精、从生殖细胞分化到整个细胞发育、胚胎细胞发育等过程造成损害，引起生化功能和结构的变化，影响繁殖能力，甚至累及后代。外源化合物对生殖系统有损害作用，种类繁多，主要包括药物、环境内分泌干扰物等，引起生殖毒性的常见毒物见表 3-6。

表 3-6　作用于生殖系统的毒物

毒物类型	毒物名称	毒性对象	毒性作用
药物	烷化剂、甲醛、多氯联苯、多柔比星、五氧化二钒	对生精细胞的影响	细胞膜和细胞结构被破坏、精原细胞分裂被抑制、生精细胞凋亡

毒物类型	毒物名称	毒性对象	毒性作用
药物	苯并芘、亚硝酸钠、锰、秋水仙碱、五氧化二钒	对支持细胞的影响	支持细胞与周围细胞的连接损伤、信号转导异常、细胞空泡变性
	糖皮质激素、镉、酮康唑、雄激素、雌激素	对睾丸间质细胞的影响	睾丸间质细胞损伤、影响睾酮分泌
	环磷酰胺、呋喃西林、秋水仙碱、阿司匹林	对附睾、精子成熟过程和成熟精子的影响	精子减少、精子活动度降低、精子形态异常、生精功能异常
	丙酸睾酮、螺内酯、氯米芬、倍他尼定	对下丘脑-垂体-睾丸轴的影响	精子生成抑制、精子发育停止、睾酮等激素水平异常
	环磷酰胺、长春碱、氮芥、泼尼松龙、多环芳烃、雌激素	对卵巢的影响	卵母细胞被破坏或闭锁、卵泡发育和排卵受到抑制
	亚硝酸异戊酯、东莨菪碱、三氯乙烯、筒箭毒碱、氯化钡、戊巴比妥、乙酰胆碱、麻黄碱、吗啡、雌激素	对输卵管的影响	卵子捕捉受到抑制、配子转运时间改变、纤毛被破坏、输卵管动力改变
	孕激素、雌激素、前列腺素	对子宫和阴道的影响	宫颈黏液改变、子宫内膜或子宫肌改变、胚胎的吸收增加、植入失败、阴道分泌改变、炎症刺激、性欲低下
	麻醉剂、止痛药、镇静药、安定药	对下丘脑-垂体-卵巢轴的影响	交配行为异常、排卵异常、雌激素和孕酮等激素的浓度异常

毒物类型	毒物名称	毒性对象	毒性作用
环境化学污染物	烷基酚类、邻苯二甲酸盐、多环芳烃类、杀虫剂、除草剂、芳香烃类、氯化物类、脂族烃类		
农药	百草枯、有机磷类农药（磷胺、乐果、辛硫磷）、有机氯农药（DDT、六氯环己烷）、拟除虫菊酯类（溴氰菊酯）、氨基甲酸酯类杀虫剂（西维因）、新烟碱类杀虫剂（吡虫啉）、液态熏蒸性杀线虫剂（二溴氯丙烷）		
重金属	铅、镍、镉、汞、锰、铂、铬	雄性/雌性生殖系统	生殖器官形态改变和功能损伤
雌激素类	植物雌激素（大豆异黄酮）、真菌性雌激素（玉米赤霉烯酮）、人工合成雌激素（己烯雌酚）		
霉菌毒素	玉米赤霉烯酮、赭曲毒素、黄曲霉素、镰刀霉毒素、脱氧雪腐镰刀菌烯醇		
化工物	邻苯二甲酸二丁酯、苯、苯胺、甲醛、氯丁二烯、甲苯、环氧乙烷、氯乙烯		
气体	二硫化碳		
其他	棉酚		

生殖系统的原发性疾病较为少见，大多数继发于一些中毒病、传染病、寄生虫病或营养代谢病，而且常被原发病的症状所掩盖。此外，生殖系统与泌尿系统在解剖形态上和生理功能上有着密切的关系，二者常相互蔓延形成继发感染。因此，在诊断疾病时，需掌握生殖系统和泌尿系统的临床症状检查，以及通过进一步的生殖器官检查、实验室检查（如生殖激素测定、生殖毒性标志物检测）和影像学检查等来综合诊断，并立即阻止和延缓毒物的吸收，促进毒

物排出，再进行对症治疗。对于一些病情需要手术干预的情况，如卵巢子宫全摘除手术、前列腺摘除术、睾丸摘除术等，需要兽医权衡手术的风险和益处，确保选择最适合的治疗方法。

第七节　呼吸系统毒性

毒物引起呼吸系统损伤的原因和形式复杂多样。根据毒物对呼吸系统损伤的机制不同以及损伤后机体反应的速缓程度有别，可以将肺损伤分为急性反应和慢性反应。呼吸系统急性毒性主要表现为呼吸抑制、肺水肿和药物性肺炎等；慢性毒性反应包括肺纤维化、肺气肿、哮喘、肺动脉高压、肺血管炎和肺癌等。毒物可经过两条途径到达肺脏：一条途径是直接经呼吸道进入，另一条途径是经呼吸道以外的途径吸收，再随血液循环到达肺脏。许多毒物可导致呼吸系统的不良反应，有些还可导致严重的呼吸系统疾病。影响呼吸系统的毒物见表3-7。

表3-7　引起呼吸系统毒性的毒物

毒性作用类型	毒物名称
呼吸抑制	吗啡、巴比妥类、筒箭毒碱、氨基糖苷类抗生素、多黏菌素B、硫酸镁和钙通道阻滞药
肺水肿	镇痛药（美沙酮、可待因）
	解热镇痛药（乙酰水杨酸、对氨基水杨酸）
	降压药（卡托普利、硝苯地平、地尔硫卓、普萘洛尔）
	抗肿瘤药（甲氨蝶呤、多柔比星、丝裂霉素、环磷酰胺、卡莫司汀、阿糖胞苷）
	伏马菌素、展青霉素、百枯草、硫化氢、二氧化氮、硝基丙醇糖苷、呋喃、色氨酸、松油
肺炎	环磷酰胺、醛固酮、胺碘酮

毒性作用类型	毒物名称
肺纤维化	石棉、硅、百草枯、博来霉素、野百合碱、丁羟甲苯、白消安、丝裂霉素、环磷酰胺、卡莫司汀、胺碘酮、甲氨蝶呤、麦角新碱、青霉素、红霉素
肺变态反应	青霉素类、磺胺类、头孢菌素类、氯丙嗪、干扰素、甲氨蝶呤、利巴韦林、氟尿嘧啶、呋喃妥因、普鲁卡因胺、青霉胺
肺气肿	硝基丙醇糖苷、镉、呋喃、色氨酸、硫化氢、二氧化氮、焦油、尼古丁、一氧化碳、二氧化硫、氯气
哮喘	青霉素、普鲁卡因、阿司匹林、普萘洛尔、色苷酸钠、乙酰半胱氨酸
肺癌	烷化剂、石棉纤维、粉尘
肺血管栓塞	避孕药、糖皮质激素、环磷酰胺、甲氨蝶呤、丝裂霉素
肺出血	肝素、华法林、链激酶、尿激酶、钒
肺动脉高压	阿米雷司、芬氟拉明、可卡因、博来霉素、环磷酰胺、苯丙胺类
肺血管炎	碘化物、青霉素、汞制剂、苯妥英、磺胺类药物

【复习思考题】

1. 常见的毒物来源有哪些类型？

2. 简述肝脏损伤和肾损伤的血清学检查指标。

3. X 射线检查可应用于哪些组织器官中毒损伤的诊断？

第二部分

各类小动物中毒病

第四章

食源性中毒

● 【本章导读】

　　食源性中毒，是因食用或饮用对小动物有害的物质而引起的疾病，是导致小动物中毒较为常见的原因之一。生活中某些人类食物或动物饲料中常见的有毒物质，在被小动物食用后会引起强烈的中毒反应，甚至导致动物死亡。那么巧克力、洋葱、葡萄这些人们日常食用的食物会导致小动物产生怎样的不良反应呢，本章将一一进行介绍。

● 【学习目标】

　　1. 了解不同种类的人类食物对小动物健康的负面影响，并掌握这些知识内容。

　　2. 了解霉菌毒素、克伦特罗对小动物健康的负面影响，并掌握这些知识内容。

　　3. 掌握食源性中毒的常见对症治疗方法，了解食源性中毒的特效解毒治疗方法，最大限度地确保动物健康。

巧克力、咖啡、洋葱、澳洲坚果、葡萄等是人类日常生活中十分常见的食物，但由于小动物体内缺乏代谢某些有毒物质的受体，或某些物质的靶向毒性，这些食物会严重威胁小动物的健康。此外，霉菌毒素、克伦特罗、肉毒梭菌等具有广泛毒性的物质也危害人类和动物的健康。因此，有必要了解生活中有哪些常见的食物会对小动物的健康产生影响，同时掌握食源性中毒的一般处理方法及特效解毒方法。

第一节　巧克力和咖啡中毒

（chocolate and coffee poisoning）

巧克力和咖啡是人们日常生活中十分常见的食品，其中巧克力的主要原料是可可豆，而可可豆中含有的可可碱（3,7-二甲基黄嘌呤）与咖啡中的咖啡因同属于甲基黄嘌呤类物质，这类物质不会在器官或组织中积聚，而是通过肝脏广泛代谢。咖啡与巧克力作为食品或者药物被广泛应用，有研究表明适量食用对人类身体是有益的，但动物可能因误食而导致中毒。动物摄入过量甲基黄嘌呤类物质时会出现各种临床症状，包括呕吐、腹泻、多饮多尿、共济失调、心律失常、气喘、烦躁和肌肉震颤等。犬猫可能会由于不良采食习惯导致其过量食用含有可可碱或咖啡因的食物而发生死亡。

【病因】

甲基黄嘌呤类物质对大部分动物都会产生毒性，但灵长类动物对此类物质具有非常高的代谢率，所以可以很快通过肝脏解毒和肾脏排毒将其代谢出体外，因此甲基黄嘌呤类物质对人类相对无害，但是犬科动物并不能快速有效地将甲基黄嘌呤类物质排出体外。人类的可可碱血浆半衰期是 6～10h，犬的可可碱和咖啡因的血清半衰期分别为 17.5h 和 4.5h。咖啡因在进入消化道后会被迅速吸收，并在 $30 \sim 60min$ 内达到血浆峰值水平，而且只有大约 10% 会被排出。

咖啡因对犬的半数致死量（LD_{50}）为 140mg/kg，对猫的 LD_{50} 为 $80 \sim 150mg/kg$。

可可碱对犬的 LD_{50} 为 $250 \sim 500mg/kg$，对猫的 LD_{50} 为 200mg/kg。

动物较为常见的发病原因为：

（1）误食人类食用的家用巧克力、咖啡或含有巧克力、可可碱或咖啡因的食物，一些家用药物中也会含有咖啡因或可可碱成分，误食会导致动物中毒。

（2）误食含有可可壳的动物饲料。由于可可壳中含有高水平的维生素 D，所以其常被用于牛冬季饲料中以提高维生素 D 水平。此外，欧洲食品安全局（European Food Safety Authority，EFSA）提到可可豆粉、可可壳粉、可可脂胚、可可豆壳和废弃的巧克力糖果可以用作牛、家禽饲料，小动物误食会导致中毒。

【发病机理】

甲基黄嘌呤类物质有着不同的作用机制，可可碱和咖啡因可抑制环核苷酸磷酸二酯酶和拮抗细胞受体，介导腺苷功能，从而刺激中枢神经系统，使血管收缩，导致心跳过速和利尿。此外，甲基黄嘌呤通过增加细胞内钙离子流入以及抑制横纹肌肌质的网状细胞对细胞钙的固存来增加细胞钙的水平，导致骨骼肌和心肌的收缩增加。甲基黄嘌呤类物质也可能在中枢神经系统争夺苯二氮䓬受体以及抑制磷酸二酯酶，从而导致环磷酸腺苷（cAMP）的水平增加，加快体循环以及增加肾上腺素和去甲肾上腺素的释放。

相比可可碱，咖啡因对心脏的刺激和冠状动脉的扩张作用更弱，对骨骼肌的刺激更强。

【临床症状】

犬的咖啡因最小致死剂量是 $140 \sim 150mg/kg$。猫较犬更为敏感，最小致死剂量是 $100 \sim 150mg/kg$。

通常摄入咖啡因 2h 后出现临床症状，但是摄取巧克力产品，症状可能会推迟几个小时。最初的临床症状包括坐立不安、极度活跃、异常行为和呕吐。综合征迅速发展，表现为气喘吁吁、心跳过速、虚弱、共济失调、利尿、腹泻、过度兴奋、多动、肌肉震颤和痉挛性抽搐。心率往往超过每分钟 200 次，需要注意过早心室收缩和高血压，通常会发生高热和脱水，并容易发生低钾血症、高血压、发绀和昏迷。常见死亡原因是心律失常或呼吸衰竭。

摄入可可碱后 2～4h 出现初步临床症状，包括坐立不安、气喘、呕吐、尿失禁（利尿）和腹泻。随着综合征进展在接下来的几小时会出现心律失常、过早的心室收缩、肌肉僵硬、反射亢进、共济失调、癫痫，甚至昏迷。患病宠物治疗后往往存在兴奋的状态，有显著的心动过速和高热，烦渴可能被视为好的征兆。死亡可能发生在心律失常或呼吸衰竭后的 18～24h，也可能会推迟几天，然后突然发生心脏衰竭死亡，但巧克力中毒死于呼吸衰竭较少见。

脂肪含量高的巧克力产品也有引发犬、猫胰腺炎的可能性。一般来说，轻微的症状（呕吐、腹泻、烦渴）可能出现在犬摄入 20mg/kg 可可碱之后，心脏中毒效应可能出现在摄入 40～50mg/kg 的可可碱之后，以及癫痫发作可能发生在摄入剂量≥60mg/kg 的可可碱之后。

【诊断】

（1）病史调查　详细了解动物中毒发生的时间、有无误食巧克力等含可可碱或咖啡因成分的食物。

（2）临床检查　如果动物在接触后很快进行（不超过 2h）检查，临床迹象可能并不存在。如果在陈述时有症状，则在身体检查时可注意到动物表现烦躁不安、多动、脱水、厌氧、虚弱、心动过速、心律失常或癫痫。误食巧克力的证据可从呕吐物或腹泻的排泄物中看到或闻到。

（3）血常规检查　全血细胞计数（CBC）、血清化学特征和尿分析通常在正常范围内，但轻度低钾血症除外。

（4）其他特殊检查　成像研究一般在正常范围内。血尿症可能偶尔会出现。高性能液相色谱可用于测量血清、血浆、组织、尿液或胃内三甲基黄嘌呤含量。这些化合物在室温下能稳定放置 7d，冷藏可以保存 14d，冷冻的话可以保留 4 个月。

【治疗】

治疗甲基黄嘌呤中毒的目标包括：①维持基本生命体征；②减少毒物进一步吸收；③增加对生物碱的代谢；④提供对症治疗，缓解痉挛、呼吸困难和心脏功能障碍。甲基黄嘌呤中毒无特效解毒剂。

（1）催吐　如果在 2～6h 内摄入并且没有催吐禁忌症状出现（例如无法保护呼吸道、高风险的吸入性肺炎等），则可以进行催吐。

（2）洗胃　如果患病动物有症状但病情稳定，近期有吞食表现，放射学检查发现胃内有异物，可以气管充气后洗胃。

（3）进行胃切除手术　如果发生罕见的情况，如摄入大量巧克力可能会让巧克力在胃里凝结，这样的情况发生时需要进行胃切除手术。

（4）通过胃管给予活性炭　如有必要，可在洗胃过程中通过胃管给予活性炭，以帮助防止有毒化合物的进一步吸收以及增加排泄。重复剂量地使用活性炭已被证明能显著缩短咖啡因和可可碱的半衰期。由于这些化合物的肠肝循环，建议在摄入后 36～72h 继续使用活性炭进行处理。反复使用活性炭治疗的患病动物应充分评估其水合作用，因为存在发生高钠血症的风险，需对症治疗。第一剂活性炭最好配合泻药一起使用，如山梨醇。

（5）静脉输液　静脉输液疗法常被用来维持足够的肾灌注，增加生物碱的尿排泄，纠正电解质失衡。建议导尿或使动物频繁排尿（2～4h）以防止甲基黄嘌呤通过膀胱壁被再吸收，同时配合使用药物防止动物产生癫痫和低血压，稳定心跳。

（6）对症治疗　额外的甲基黄嘌呤中毒的治疗方法是对症治疗。出现肌肉震颤可以用美索巴莫或安定。癫痫发作和多动症可用地西泮，0.5～2mg/kg，静脉注射（IV）；或咪达唑仑，0.1～0.25mg/kg，IV 或肌内注射（IM）。但是当癫痫发作，地西泮使用无效时，苯巴比妥或其他常见的麻醉剂/抗惊厥药物可以使用。

（7）应严密监测心脏功能　心动过速常使用普萘洛尔，0.02～0.06mg/kg，缓慢静脉注射。持久心动过速可能需要口服 β 受体阻滞剂，如美托洛尔（用来治疗高血压的美托洛尔或倍他乐克），初始剂量为 0.1mg/kg，一天三次重复；如果需要，这个剂量可以增加至 0.3mg/kg。对于一些有心动过缓的病患动物可使用阿托品，0.022～0.044mg/kg，推荐 IV 或 IM 或皮下注射。

【预防】

① 避免动物摄入含有可可碱或咖啡因的产品。

② 虽然许多宠物主人可能知道巧克力制品对犬、猫有毒害作用，但他们可能不知道导致临床中毒的剂量（例如牛奶巧克力与烘焙巧克力引起毒性的量）。此外，宠物主人可能不知道其他家用物品，如巧克力覆盖的物品、浓缩咖啡豆、咖啡或茶，可能会对他们的宠物构成额外的危险。这些可能需要兽医在主人将宠物带去宠物医院注射疫苗或者治疗疾病的时候对主人进行适当的教育，告诉他们什么是需要避免的。

③ 如果不幸误食了含甲基黄嘌呤物质的产品，在救治过程中，需要持续进行心电图监测。每 4h、6h、10h 监测一次血压、体温和精神状态（至少在进行应急措施后的 24h 内需要这样做）。

第二节　洋葱和大蒜中毒
（onion and garlic poisoning）

洋葱和大蒜都属于百合科葱属多年生草本植物。洋葱通常以鳞茎入药，具有消炎抑菌、活血化瘀、降脂止泻、防癌抗癌、利尿、降血糖以及预防心血管疾病等功效；大蒜也是一味用途广泛的药材，具有食积消滞、杀菌灭虫的作用，因此深受人们的喜爱，但犬、猫等动物食用之后则常常会引起中毒。洋葱和大蒜中含有 *N*-

丙基二硫化物是一种对犬、猫有毒的化学物质。洋葱和大蒜常作为调味剂加入食物中，犬（猫）食用洋葱、大蒜或含有洋葱粉的食物后可能会引发贫血、血红蛋白尿等症状，并且会刺激胃肠道，引起炎症反应。N-丙基二硫化物可氧化血红蛋白，形成海因茨小体，可被网状内皮系统细胞吞噬而引起贫血，同时可损害骨髓，犬采食达一定数量会引起中毒。犬洋葱中毒的剂量为 15～20g/kg，临床表现为呕吐、腹泻、精神沉郁、心悸、脾肿大等，与犬的细小病毒病、犬瘟热、胃肠疾病等难区别，易造成误诊，延误治疗。因此，可通过询问病史、临床症状、实验室检验等方法诊断。

【病因】

洋葱、大蒜不仅具有杀菌、降压、灭虫等作用，而且富含营养物质，很受人们青睐。但饲主可能缺乏猫、犬食物禁忌的常识，错误饲喂含洋葱、大蒜成分的饲料，造成犬、猫中毒，严重者可致犬、猫死亡。洋葱中对犬、猫产生中毒作用的成分主要是 N-丙基二硫化物，该物质结构不易被加热、烘干等因素破坏，因此，生洋葱、熟洋葱或是烘干、晒干后的洋葱末均可造成犬、猫中毒。

【发病机理】

洋葱和大蒜属于强刺激性食物，犬、猫食用后会造成呼吸道、消化道刺激，从而出现呕吐、腹泻等症状。

洋葱中的含硫化合物经咀嚼可水解为硫代亚磺酸酯，硫代亚磺酸酯又会分解成许多二硫化物，其中 N-丙基二硫化物的毒性最强。此类物质不易被蒸煮、烘干等加热破坏，越老的洋葱或大蒜其含量越多。N-丙基二硫化物或硫化丙烯（洋葱分解产物之一）能降低红细胞内葡萄糖-6-磷酸脱氢酶（G6PD）的活性，干扰磷酸戊糖途径，导致机体不能产生足够的磷酸脱氢酶和谷胱甘肽来保护红细胞免受氧化损伤。G6PD 能保护红细胞内血红蛋白免受氧化变性破坏，如果 G6PD 活性减弱，则氧化剂能使血红蛋白变性凝固，从而使红细胞快速溶解和形成海因茨小体。海因茨小体是一种突出于红细胞边缘的球状物质，含有海因茨小体的红细胞生命周期缩短，容易发生破裂，如果大量红细胞破裂，即引起贫血，这种贫血称之为海因茨小体贫血。红细胞破裂以后，血红蛋白溢出，透过肾小球滤出，即形成血红蛋白尿，使尿液变红，严重溶血时，尿液呈红棕色。

【临床症状】

洋葱、大蒜中毒的犬、猫主要临床表现呕吐、腹泻、精神沉郁、心悸、可视黏膜苍白、红色（或红棕色）尿、黄疸和溶血性贫血等特征。

急性中毒型在采食后1~2d可见红色尿等症状，7~10d出现严重的贫血。绝大多数患病动物有采食洋葱或大蒜的病史，于采食1~2d后，患病动物出现明显的红尿，尿的颜色深浅不一，从浅红色、深红色到黑红色均有，严重中毒者尿呈咖啡色或酱油色。症状较轻的动物精神尚可，饮食无明显影响，体温正常或稍低，可视黏膜颜色正常或稍淡，粪便基本正常；较严重的动物则出现食欲下降、精神沉郁、心悸、呕吐、腹泻、红色尿、重度贫血，治疗不及时常导致死亡。慢性中毒多见于长期饲喂含少量洋葱或葱汁的犬，常表现为轻度贫血和黄疸。

【诊断】

（1）病史调查　详细了解动物中毒发生的时间、有无误食洋葱或其他含洋葱成分的食物。

（2）血常规检查　红细胞总数、血细胞比容、血红蛋白含量均降低，白细胞总数增加，可根据检测指标进行初步判断。抗凝血液放置一段时间以后，上一层血浆呈现溶血色。

（3）尿液检查　尿液由正常微黄、清亮透明变为混浊、暗红色，尿比重明显增加，可由正常的1.015~1.045增加到1.080，其他指标由于受到尿色的影响，很难用比色法进行测定。

（4）尿沉渣检查　可见到大量红细胞碎片，有时可见白细胞、肾上皮细胞、膀胱上皮细胞、管型等，公犬还可见到精子。

（5）鉴别诊断　任何原因引起的早期肠胃不适及贫血、红色尿都应与洋葱和大蒜中毒进行鉴别诊断。

【治疗】

大蒜和洋葱中毒的治疗原则是以切断毒源、阻止或延缓机体对有毒物质的吸收、排出毒物、运用特效解毒药和对症治疗为主。首先应该停止继续摄入或接触洋葱、大蒜；食用后未超过 2h 的可用催吐剂催吐或洗胃，同时配合活性炭等吸附剂和泻药促进毒物排出，这些早期干预将减少毒素的吸收，减轻潜在的临床症状。

（1）加速毒物排出　首先，纠正脱水，肌内注射速尿注射液，2mg/kg，每天 1 次。其次，采用保肝疗法，将 10％葡萄糖注射液 100mL、维生素 C 4mL、三磷酸腺苷（ATP）2mL、辅酶 A 10IU、肌苷注射液 2mL、肝泰乐 4mL，混匀，静脉滴注。最后，强心，改善贫血状况，皮下注射维生素 B_{12} 注射液 1mL、安钠咖注射液 1.5mL，同时口服补铁口服液。

（2）采用输血疗法，并进行对症治疗　可用丁胺卡那霉素 2mL、地塞米松 1mL、维生素 C 2mL、50％葡萄糖溶液 20mL、5％糖盐水 250mL，混合静脉滴注。或用呋塞米注射液 2mL、复合维生素 B 2mL、亚硒酸钠维生素 E 注射液 3mL、速尿 10mg，分别肌内注射。

【预防】

① 宠物主人最好将葱、蒜以及洋葱进行收纳，防止犬、猫因为好奇而啃食。

② 虽然许多宠物主人知道洋葱和大蒜对犬、猫的毒害作用，但他们可能不知道导致临床中毒的剂量。因此需日常加强犬、猫饮食习惯的训练，控制犬、猫乱舔和乱捡东西吃的行为，降低误食引起中毒的风险。

第三节　食盐中毒
（salt poisoning）

食盐中毒是因动物摄入食盐过多，或者不能够及时补充水分，引起血液中钠离子浓度过高的一种疾病，除了食盐外，其他钠盐如碳酸钠、丙酸钠、乳酸钠等亦可以引起与食盐中毒一样的症状，因此倾向于统称为钠盐中毒或高钠血症。虽然高钠血症时有发生，但高钠血症引起的犬、猫钠中毒却十分罕见。在动物肠道内钠盐会刺激肠道黏膜，导致腹痛、腹泻以及加速机体脱水。由于渗透压升高，血液中水分流失，浓度升高，血液循环不畅，可引起机体代谢功能障碍、组织水肿、细胞内液流失和细胞脱水。大脑对钠的变化非常敏感，如果补液过快，会导致脑水肿压迫颅内神经，影响神经中枢。在被肠道吸收以后，由于钠离子升高，破坏了 $Na^+\text{-}K^+/Mg^{2+}\text{-}Ca^{2+}$ 一价和二价阳离子的平衡，导致神经系统破坏。

【病因】

食盐中毒可以发生于任何一种动物，摄入量和摄入时间的差异都会导致不同的结果。据报道，犬摄入氯化钠的致命剂量为 4g/kg 体重。一汤匙食盐大约含有 4.5g 氯化钠或 75mg 钠，因此，中毒剂量即相当于一汤匙食盐（每千克体重）。具体原因可归纳为：

① 日常饲粮中含过多的钠盐，采食过多可引起中毒，犬、猫也可能由于偷食含盐量高的食物导致。

② 长期缺少盐摄入或"盐饥饿"后突然补充大量的食盐，特别是饲喂含盐饮水，未加限制时，极易发生异常大量采食的情况。

③ 饮水不足，可促使本病发生。

④ 机体水盐平衡的状态，可直接影响对食盐的耐受性，例如夏季炎热多汗，失去大量水分，往往耐受不了在冬季能够耐受的食盐量等。

⑤ 全价饲养，特别是日粮中钙、镁等矿物质充足时，犬、猫对过量食盐的敏感性大大降低，反之则敏感性显著增高。

⑥ 维生素 E 和含硫氨基酸等营养成分的缺乏，也会增加犬、猫对于食盐的敏感度。

【发病机理】

钠盐中毒的确切机理还不十分清楚，长期以来有三种学说：①水盐代谢障碍学说；②钠离子中毒学说；③过敏学说。

水盐代谢障碍学说认为当过量的食盐从消化道吸收后，血中钠离子浓度升高，大量钠离子通过离子扩散方式，突破脑屏障进入脑脊液中。由于血液和脑脊液中钠离子浓度升高，垂体后叶分泌抗利尿激素增多，尿液减少，血液中水分以及某些代谢产物如尿素、非蛋白氮、尿酸等，也随之进入脑脊液和脑细胞，产生脑水肿，并出现神经症状。因此，中毒初期当血钠浓度升高时，给予大量饮水，促使钠离子经尿排出是有意义的。而在出现神经症状后，再给予大量饮水，则会使脑水肿加重。

钠离子中毒学说从多种钠盐都可引起中毒的角度出发。细胞外钠离子浓度升高，"钠泵"作用不能维持。钠离子有刺激 ATP 向二磷酸腺苷（ADP）和一磷酸腺苷（AMP）转化并释放能量，以维持"钠泵"的功能；但大量 AMP 积聚在细胞内，不易被清除。AMP 因缺乏能量不能转化为 ATP，过量的 AMP 还会抑制葡萄糖酵解过程，因而脑细胞能量进一步缺乏，"钠泵"作用难以维系，细胞内钠离子向细胞外液的运送几乎停止，脑水肿更趋严重。

以上两种学说不能解释食盐中毒时脑血管周围出现嗜酸性粒细胞从聚集到游走，淋巴细胞相继进入等现象。过敏学说认为在钠离子作用于脑细胞之后，一方面刺激脑细胞并引起神经症状，同时脑细胞释放组胺、5-羟色胺等化学趋向物质，引起嗜酸性粒细胞的聚集作用，大多在血管周围出现这种现象，形成"袖套"，故称之为嗜酸性粒细胞性脑膜脑炎。

【临床症状】

由于食盐中毒会影响神经系统，所以临床表现主要以精神上的疾病为主。摄入大量钠离子后，首先会出现口渴；在中毒的初期，钠离子主要停留在消化道中，刺激消化道导致腹泻、下痢；当钠离子从消化道吸收进入血液后，血液渗透压升高，细胞脱水，造成局部水肿，抗利尿激素分泌增多，导致尿量减少；在中毒后期，钠离子进入神经系统，导致精神不振、食欲废绝，犬、猫会出现皮下水肿、肌肉痉挛、行动受阻，当钠离子在脑脊液中聚集时，造成脑水肿，颅内压升高，压迫神经系统，导致狂躁、呼吸困难、视力受损。

【诊断】

① 病史调查，调查有无过量饲喂食盐的经历，或者有饮水不足、饲料营养不全，如缺乏维生素 E 等营养物质的病史。

② 观察小动物的神经状况，有无癫痫或肌肉痉挛的现象出现。

③ 检查有无脑水肿、变性、"袖套"现象，以及嗜酸性粒细胞和淋巴细胞大量聚集在神经周围等病理学现象。

④ 对尿液、脑脊液和血液中的钠离子浓度进行检测。当脑脊液中 Na^+ 浓度超过 160mmol/L、脑组织中 Na^+ 超过 $1800\mu g/g$ 时，即可认为是钠盐中毒。

【治疗】

无特效解毒药。治疗要点是促进食盐排出、恢复阳离子平衡和对症治疗。

① 发现中毒后立即停喂食盐，对尚未出现神经症状的病畜，给予少量多次的新鲜饮水，以使血液中的盐经尿排出；已出现神经症状的病畜，应严格限制饮水，以防加重脑水肿。

② 恢复血液中一价和二价阳离子平衡，可按体重静脉注射 5％葡萄糖酸钙液或 10％氯化钙液。

③ 缓解脑水肿，降低颅内压，可静脉注射 25％山梨醇溶液或高渗葡萄糖液。

④ 促进毒物排除，可用利尿剂（如双氢克尿噻）和油类泻剂。

⑤ 缓解兴奋和痉挛发作，可用硫酸镁、溴化物（如溴化钙或溴化钾）等镇静解痉药。

【预防】

注意日常饲粮中盐的含量，适量喂养，勤加补水。注意按季节调整盐的摄入量，日常饮食注意营养均衡。用食盐等灌服作缓泻或健胃治疗过程中，注意浓度，及时补水。

第四节　澳洲坚果中毒
（macadamia nut poisoning）

澳洲坚果，别名昆士兰栗、澳洲胡桃、夏威夷果、昆士兰果，是一种原产于澳洲的树生坚果。澳洲坚果种仁营养丰富，含油量70%～79%，尤其以富含不饱和脂肪酸为特点，以油酸和棕榈酸为主，光壳种澳洲坚果种仁的不饱和脂肪酸与饱和脂肪酸的比值为6.2、粗壳种为4.8，蛋白质含量为9%，还含有丰富的钙、磷、铁、维生素 B_1、维生素 B_2 和人体必需的8种氨基酸。因此澳洲坚果受到很多人的喜爱并食用，但澳洲坚果不被人们熟悉，因为人们平时都是称其为夏威夷果，因其在家中常备，易被犬误食或者误投。在生活中，澳洲坚果作为配料被制成冰激凌、巧克力、蛋糕，容易被宠物接触。到目前为止，澳洲坚果只在犬中毒中被报道，因为犬很容易摄食到坚果或其制作的产物，犬每千克体重摄入2.2g澳洲坚果就会发生临床症状。

【病因】

因为澳洲坚果具有很高的营养价值，其无论是作为普通坚果或是被制作成糖果、糕点和饼干，都是流行的快餐食物，易被犬类接触误食。而澳洲坚果作为犬类禁忌食物少有人了解，容易被误投喂犬类而造成中毒。这是因为其中含有高含量的磷，不能被犬类摄入和消化，所以易造成犬类中毒。

【发病机理】

目前尚不清楚其发病机理，可能与坚果中含有大量的磷有关，可对运动神经元、神经肌肉接头、肌纤维或者神经递质产生不良作用。也可能与其中含有的特定毒素相关，该毒素或干扰神经系统正常传导，影响神经肌肉接头功能，引发共济失调、虚弱等症状。

【临床症状】

犬在摄入澳洲坚果 6～24h 内通常会发生临床症状。犬现场实验中，最常见的迹象是体弱（55％）、抑郁（32％）、呕吐（21％）、共济失调（18％）、震颤（18％）和高热（7％），关节和肌肉疼痛、肿胀也被报道，犬疲软发现在 6h 之内。在恢复的时候，临床体征表现为难以再上升或无法上升，不愿维持站着的状态，在跳的时候高度降低。共济失调和震颤没有记录在实验里，但是却是最常见的现场症状，可能与体弱相关。疲软的峰值在开始 12～24h 内大大提高，48h 后完全恢复。犬在注射 3h 内轻度抑郁，8h 后达到顶峰，24h 完全恢复。高热在 8h 后达到峰值，幅度为 39.8～40.5℃，36h 内恢复到正常。

【诊断】

（1）病史调查　详细了解动物中毒发生的时间、地点以及既往病史，了解宠物主是否在家中备有夏威夷果等其他能让犬出现中毒情况的食物。宠物主人是否知道犬类不能食用夏威夷果，是否有其他人投喂食物的情况。

（2）临床检查　对中毒动物进行全面的检查，澳洲坚果中毒后，犬常表现为后肢瘫痪，全身虚弱无力，同时长时间趴着，不愿被主人抱或靠近。根据其临床症状，结合病史，判断是否为澳洲坚果中毒。

（3）可疑饲料的毒物检测　应采取中毒动物的呕吐物、胃洗出物、食物、血液、尿液等进行化验，观测磷含量是否超标，同时检查是否有毒物残渣，判断是否为澳洲坚果中毒。

（4）治疗性诊断　根据临床症状，通过治疗效果进行验证诊断，如催吐后食物残渣为夏威夷果，则可推测是夏威夷果中毒。

（5）解剖学检查　心血管黏膜苍白，胃肠道异常，轻微腹痛，中枢神经系统抑制，代谢性高热。

（6）生化检测　观测血清甘油三酯是否有轻度升高，碱性磷酸酶及脂肪酶是否出现异常。

【治疗】

摄入剂量小可自愈，摄入量大时则采取治疗手段。

无症状患犬进食后 1h 内进行呕吐诱导，添加山梨醇的活性炭可以降低澳洲坚果的毒性作用。对症状严重的犬，可以考虑静脉注射疗法和应用止吐药，直到临床症状消失。临床症状通常在 24～48h 内消失。

老、幼龄或有其他并发症的犬，最好在兽医诊所对症处理和监测（如进行皮下注射、护理、体温调节等）。

【预防】

防止宠物接触澳洲坚果；监测有既往病史的宠物，防止再次发病。

第五节　葡萄和葡萄干中毒

（grapes and raisins poisoning)

葡萄、葡萄干可能对一些犬有肾毒性，但是其肾脏疾病的发展与暴露剂量之间没有明显的剂量依赖关系。早在 20 世纪 90 年代中后期就有葡萄和葡萄干引起犬中毒的报道，但没有确切的研究证实葡萄和葡萄干可引起猫中毒。犬葡萄和葡萄干中毒是指任何年龄、性别和品种的犬摄入葡萄和葡萄干后导致的以嗜睡、厌食、呕吐为特征的一种中毒病，通常伴随腹泻和急性肾衰竭导致的少尿和无尿，甚至可能导致死亡。然而，葡萄和葡萄干中毒的作用机制和中毒成分尚不清楚，且缺少特效解毒药。

【病因】

葡萄或葡萄干中毒主要原因是犬误食或贪食葡萄或葡萄干。

【发病机理】

目前，犬葡萄和葡萄干中毒成分和中毒机制尚不清楚，但可能与水果本身存在真菌毒素如赭曲霉素或农药残留，或个体无法代谢水果的某一成分如类黄酮、单宁、多酚类及单糖类等有关。此外，有机葡萄、无核葡萄或有籽葡萄对犬均具有肾毒性，但葡萄籽提取物对犬没有肾毒性。研究发现，葡萄和葡萄干在犬体内不会迅速分解或吸收，摄入数小时后，仍可在呕吐物或粪便中观察到未完全消化的残余物。根据中毒后犬表现的相关临床体征，现怀疑葡萄和葡萄干的代谢和排泄发生在肾脏内。然而，并非所有犬在摄入葡萄或葡萄干之后都会出现临床体征，不受影响的概率高达50%。有报告指出，葡萄致犬中毒剂量范围约为9～18.43g/kg，也就是每10kg的犬吃到仅90.72g的葡萄就会引起中毒。而研究认为葡萄干的中毒剂量最小可到2.83g/kg，大约是10kg的犬摄入10～12颗葡萄的量可引起中毒。葡萄干的毒素浓度大约是同等重量葡萄的4.5倍。

【临床症状】

犬葡萄和葡萄干中毒一般表现为虚弱、颤抖、口渴、脱水、嗜睡、严重腹痛和尿毒症等症状。在其呕吐物或排泄物中可发现部分未完全消化的葡萄或葡萄干。通常，犬在误食24h内会出现呕吐，12～24h内会出现厌食、嗜睡，偶见腹泻症状。误食葡萄和葡萄干后不久，犬血清肌酐和磷开始升高，24h后血尿素氮升高，且可观察到高钙血症和高磷血症，软组织钙化，造成持续性肾损害。误食48～72h后，血清钙水平开始升高，排尿量开始下降，最终导致少尿或无尿。随着临床病程的进展，少尿或无尿性肾衰竭会导致高钾血症、代谢性酸中毒和高血压。在少数重症病例中也会发现神经肌肉无力和共济失调等症状。

【诊断】

（1）病史调查　详细了解动物中毒发生的时间、地点，评估是否有误食葡萄或葡萄干的可能性，观察犬的呕吐物或排泄物中是否存在葡萄或葡萄干残余物。

（2）临床检查　对中毒犬进行全面检查，观察是否有肾衰竭症状。葡萄和葡萄干中毒的犬血常规检查可显示血小板减少及轻度贫血。生化检验可发现血尿素氮和肌酐升高，肝酶升高，淀粉酶/脂肪酶升高、总二氧化碳浓度降低、电解质紊乱（如出现低钠血症、高钾血症、低血色素血症、高磷血症、高钙血症）。尿检可能出现蛋白尿或糖尿，尿液成分改变，含有透明或颗粒状管型。影像学检查可观察到软组织明显钙化。腹部超声检查可能观察到肾肿大、肾皮质高回声或肾盂扩张。

（3）病理变化　主要发生在肾脏，肾小管中度至重度坏死，近端肾小管受损更严重，肾小管腔内存在蛋白质碎片。

【治疗】

葡萄和葡萄干中毒目前尚无特效解毒剂。葡萄和葡萄干的消化和吸收较慢，数小时后诱发呕吐仍能起到清除毒物的作用，但需注意保护呼吸道。此外，可采用洗胃、下泄、灌肠、手术取出等方法排除消化道内毒物。由于葡萄和葡萄干中存在的有毒化合物成分未知，因此不确定使用活性炭是否有效。一般而言，在其他方面均无损害的患犬中，活性炭给药利大于弊，但不建议重复给药。

【预防】

葡萄及葡萄干中毒病依然有很多未知，但可以肯定的是及时制止犬及其他可能的中毒动物摄入葡萄或葡萄干是最好的预防手段之一。然而，一些人可能还没有意识到葡萄和葡萄干对犬健康的危害，可进行适当的科普宣传。

第六节　木糖醇中毒

（xylitol poisoning）

木糖醇是一种戊糖醇，其甜度与蔗糖相近且广泛存在于自然界的果蔬中，但天然含量较低。木糖醇也是一种天然植物甜味剂，是糖果和口香糖中经常用到的一种糖醇类成分，在一些药物、膳食补充剂或者面包中也常含有木糖醇。木糖醇虽然对人类无害，但是却可以引起犬中毒。据美国毒物控制中心协会（American Association of Poison Control Centers，AAPCC）报道，犬木糖醇中毒的病例正在逐年倍增，我国此类病例也在逐年增多。美国防止虐待动物协会（American Society for the Prevention of Cruelty to Animals，ASPCA）的研究也发现，犬在大量食入含有木糖醇的食物后，会引起肝功能衰竭或血糖急降，从而导致死亡。犬木糖醇中毒机制十分复杂，目前对这一机制的研究相对较少，现有报道多数以中毒后产生的临床症状为主，少数也只对中毒后犬的某些生理生化指标进行了检测。

【病因】

目前，木糖醇被广泛地用于宠物医药和零食中，犬在日常生活中接触到含有木糖醇食品的机会大大增加，导致犬中毒的概率也大大增加。犬木糖醇中毒导致肝坏死的原因还未明确，但已经提出了两种可能的机制。一种机制是三磷酸腺苷（ATP）的耗竭，从而导致肝细胞不能执行必要的细胞功能，如蛋白质合成和维持膜完整性等，最终导致细胞坏死。在大鼠实验中已经证明，木糖醇能够通过磷酸戊糖途径进行肝代谢导致磷酸化中间体产生，引起细胞内ATP、ADP和无机磷储备大量损耗。另一种机制是木糖醇代谢导致细胞内产生高浓度的烟酰胺腺嘌呤二核苷酸，其产生的活性氧能破坏细胞膜和生物大分子，从而导致肝细胞的活力下降。这两种机制可能独立或联合引起犬的肝脏坏死。

【发病机理】

木糖醇在犬体内主要影响血糖浓度、激素分泌且会对肝脏造成损伤，引起机体中毒。木糖醇对犬胰腺分泌胰岛素具有强烈的刺激作用，可引起犬体内胰岛素大量分泌。同时木糖醇也是糖代谢的中间体，在动物体内可以通过糖醛酸途径、磷酸戊糖途径、糖酵解途径分解供能。然而，木糖醇在犬体内的吸收率低，且分解供能所需的时间较葡萄糖长，木糖醇刺激犬胰岛素的分泌量是葡萄糖刺激分泌量的 2.5～7.0 倍。因此，摄入的木糖醇不足以弥补葡萄糖的消耗，在胰岛素大量分泌且葡萄糖被大量分解而没有被及时补充的情况下引起血糖偏低。木糖醇降低血糖的机制还可能与促进肝糖原合成、增加胰岛素受体敏感性、促进葡萄糖在外周利用有关。

【临床症状】

木糖醇中毒初期症状为呕吐，在犬体内会引起"一过性低血糖症状"，如倦怠、萎靡、沉郁、昏迷等。此外，木糖醇中毒犬还表现为后躯颤抖、喜卧、后肢发软、弓背、机体无力以及共济失调等症状，严重时出现口吐白沫、呕吐、拉稀、痛苦嗷叫、全身肌肉颤抖。值得注意的是，木糖醇中毒也会刺激体内胰岛素大量分泌，使血糖急速降低，导致肝脏坏死。肝脏坏死可以进一步导致低血糖和弥漫性血管内凝血（DIC）恶化，表现沉郁、呕吐、腹泻、黄疸、黑粪症、皮下有瘀点或瘀斑。

【诊断】

（1）血糖检测　表现低血糖，最初的 6～8h，每 1～2h 测一次血糖，根据疾病的发展过程和血糖值来调整葡萄糖的补充量。

（2）血常规检查　嗜中性粒细胞轻度增加，血小板减少，由于脱水造成血液浓缩。

（3）生化检测　丙氨酸转氨酶（ALT）、天冬氨酸转氨酶（AST）、碱性磷酸酶（ALP）升高，高胆红素血症，电解质紊乱。

（4）凝血检查　凝血测试［全血凝固时间（ACT）、凝血激酶时间（PTT）、凝血酶原时间（PT）］时间延长。

（5）腹部超声　急性肝坏死，肝脏形态正常或轻度增大。肝脏回声正常，也可能出现低回声或点状回声。

（6）细胞学检查　细胞学检查可以看到退行性改变如细胞核大小不一等。

【治疗】

（1）解毒　在摄入木糖醇 1～6h 内，一般无症状的中毒动物会有呕吐反应。如出现低血糖症状，不建议催吐，有可能会引起异物性肺炎。活性炭不建议使用，效果不理想。

（2）支持疗法

① 2.5%～5% 葡萄糖注射液静脉补充，保持好的水合状态和血糖。中毒动物初期血糖可能正常，但还是建议补充葡萄糖，以预

防低血糖的发生。

② 如中毒动物血糖低于 60mg/dL，可以用 50％葡萄糖（0.5～1.5mL/kg，盐水稀释）静脉注射（超过 2min），随后用 2.5％～5％葡萄糖定速静脉滴注。

③ 如中毒动物没有呕吐，可以少量多次饲喂食物，防止低血糖的发生。

④ 预先应用肝功能保护剂，特别是摄入大量木糖醇的病例。

【预防】

日常生活中不饲喂含有木糖醇的食物，避免犬接触到木糖醇。

第七节　黄曲霉毒素中毒
（aflatoxicosis poisoning）

黄曲霉菌是一种常见的腐败型真菌微生物，多滋生于受潮的谷物、稻草、果仁、豆制品等中，黄曲霉产生的霉菌毒素可严重危害人类和动物的健康。黄曲霉毒素（AFT）是黄曲霉菌的次生代谢产物，已被 WHO 定性为一类致癌物。黄曲霉毒素残留可在发霉的食品或被污染的犬粮中发现，肝脏是主要的靶器官。目前已知的霉菌毒素约有 400 种，已经被分离和鉴定出来的黄曲霉毒素有 20 多种，主要有 B 和 G 两大类。其中 $AFTB_1$ 是黄曲霉毒素种类中最主要的一类，它是一种强烈的肝脏毒素，其诱发肝癌的能力比二甲基亚硝胺强 75 倍；毒性是砒霜的 68 倍、是氰化钾的 10 倍。此外，黄曲霉毒素还可引起机体免疫功能降低，并与维生素 K 竞争肝脏凝血酶原合成酶活性部位，抑制凝血酶原的合成，引起凝血不良和肠道出血。

【病因】

黄曲霉毒素（AFT）是由黄曲霉和寄生曲霉或曲霉、青霉、毛霉、镰孢霉、根霉等在代谢过程中产生的有毒产物。这些产毒霉菌在自然界中广泛存在，主要污染玉米、花生、豆类、棉籽、麦类、大米、秸秆及其副产品如酒糟、油粕、酱油渣等。黄曲霉毒素最适宜的繁殖、产毒条件为基质水分在 16% 以上，相对湿度在 80% 以上，温度在 24～30℃ 之间，且饲料中水分含量越高，产黄曲霉毒素的数量也越多。黄曲霉毒素中毒在一年四季中都能够发生，但雨季的发病率较高，饲料储存不当、保存时间过长都能够增加被黄曲霉毒素污染的概率。

【发病机理】

AFT 随被污染的饲料经胃肠道吸收后，主要分布在肝脏，血液中含量极低，肌肉中一般不能检出。摄入毒素后约 7d，绝大多数随呼吸、尿液、粪便和乳汁排出体外。AFT 在体内的主要代谢途径是在肝脏微粒体混合功能氧化酶催化下，进行羟化、脱甲基和环氧化反应。AFT 可通过作用于核酸合成酶抑制信使核糖核酸（mRNA）的合成作用，并进一步抑制 DNA 合成。此外，AFT 对 DNA 合成所依赖的 RNA 聚合酶也有抑制作用。AFT 可与 DNA 结合，改变 DNA 的模板结构，导致蛋白质、脂肪的合成和代谢障碍，线粒体代谢以及溶酶体的结构和功能发生变化。AFT 的靶器官是肝脏，因而属肝脏毒。急性中毒时，可使肝实质细胞变性坏死，胆管上皮细胞增生。慢性中毒时可引起宿主生长缓慢，生产性能降低，肝功能发生变化，肝脂肪增多，诱发肝硬化和肝癌。AFT 也可作用于血管，使血管通透性增加，血管变脆并破裂，出现出血和出血性瘀斑。此外，AFT 还具有致突变和致畸性。

【临床症状】

黄曲霉毒素的靶器官是肝脏，动物中毒以肝脏损害、全身性出血、消化机能障碍和神经系统紊乱为特征。急性中毒表现为食欲废绝，运动失调，排泄停止，肝炎及肝脏充血、出血、肿大、变性和坏死，并伴有严重的血管和中枢神经损伤，动物于中毒后几小时至数天内死亡。慢性中毒的早期症状表现为食欲不佳、体重减轻、生产性能降低、胴体下降，后期出现黄疸、脂肪肝、肝损伤及免疫机能抑制和致癌作用。黄曲霉毒素中毒后，动物肝脏中的天冬氨酸转氨酶、碱性磷酸酶、谷氨酰转移酶活性和血清胆红素含量升高，血清白蛋白含量降低。犬中毒后，发病初期无食欲，生长速度减慢，或逐渐消瘦，可见黄疸、精神不振和出血性肠炎。

【诊断】

首先调查病史，检查饲料品质和霉变情况。有饲喂发霉饲料的病史，结合临床表现（黄疸、出血、水肿、消化障碍及神经症状）和病理变化（肝细胞变性、坏死、增生，肝癌）等，可做出初步诊断。

确诊必须对可疑饲料进行产毒霉菌的分离培养，并测定饲料中AFT的含量。生物学方法中最常用的是荧光反应，即 AFT 在365nm 波长的紫外光下发出荧光，用荧光仪检测，而化学方法主要用于定量测定，一般用薄层色谱法和高效液相色谱法。

【治疗】

本病尚无特效疗法。发现犬、猫中毒时，应立即停喂霉败饲粮，改喂富含碳水化合物和蛋白质的饲料，减少或避免饲喂含脂肪过多的饲料。一般轻症病例可自然康复；重症病例应及时投服泻剂，加速胃肠道毒物的排出。同时，采用保肝和止血疗法，可静脉滴注 20%～50%葡萄糖溶液、肝泰乐、维生素 C、葡萄糖酸钙或10%氯化钙溶液。心脏衰弱时，皮下注射或肌内注射强心剂。为防止继发感染，可应用抗生素制剂，但严禁使用磺胺类药物。

【预防】

（1）防止霉菌的发育　霉菌芽孢无处不在，在不利的环境下，芽孢不发育，处于休眠状态，所以，根本问题是控制芽孢发育或杀灭芽孢。饲料的收获、运输、储藏必须在干燥条件下进行。

（2）避免饲喂发霉变质的粮食　选用质量安全的宠物日粮，日常防止饲料潮湿发霉，加强保管，储藏室应通风干燥，多雨的季节或区域应避免囤积过多饲料，防止霉变。定期检查饲料情况，对发霉的饲料应该及时丢弃，防止霉菌扩散；对轻度污染的饲料，可以使用挑出霉变饲料、水洗去毒、高温去毒和物理吸附脱毒等方法将其中的霉菌清除。

第八节　玉米赤霉烯酮中毒
（zearalenone poisoning）

玉米赤霉烯酮是霉菌毒素中污染范围最广、作用毒性最强的毒素之一，可影响玉米、小麦、大麦等作物，对食品和饲料产业造成巨大的经济损失。玉米赤霉烯酮广泛存在于各类谷物饲料中，具有一定的生殖毒性，能够通过食物链累积引起动物机体的生殖系统障碍。

【病因】

玉米赤霉烯酮也被称为 F-2 毒素，是镰刀菌物种的次级代谢产物，包括如禾谷镰刀菌、尖孢镰刀菌、轮状镰刀菌等。玉米赤霉烯酮存在于霉菌孢子或叶状体内，也可以被分泌到霉菌所赖以生长的基质中，且玉米赤霉烯酮在粮食的储藏、加工以及烹调期间很稳定，不易受到外界环境和高温的影响。动物采食被产毒真菌污染了的农作物、饲料、种子等后会出现临床症状或潜伏性非临床症状。玉米赤霉烯酮作为一种非载体类雌激素真菌毒素，具有酚羟基苯甲酸内酯结构，会导致机体生殖器官机能及形态学变化。

【发病机理】

玉米赤霉烯酮可促进子宫 DNA、RNA、蛋白质的合成，使动物发生雌激素样亢进，表现为高雌激素综合征和慕雄狂等发情表征。虽然其作用的靶器官主要是雌性动物生殖系统，但对雄性动物也有一定的影响。此外，玉米赤霉烯酮在体内还能够干扰激素代谢，并具有细胞凋亡毒性、氧化毒性、DNA 损伤毒性、免疫抑制毒性等作用。长时间接触玉米赤霉烯酮还可以导致脂质过氧化，抑制 DNA 和某些 mRNA 合成，从而引起急性中毒，危害神经系统、心、肾、肝、肺脏。

【临床症状】

病畜主要表现为以生殖器官功能障碍为基础的雌激素综合征或雌性化综合征。

(1) 慢性中毒的犬、猫主要影响其生殖系统，表现为外生殖器肿胀，阴户光滑、坚实、紧张或明显突出。起初阴道黏膜仅有轻度充血和发红，随后阴道内部黏膜呈现肿胀；过度肿胀时，向阴户挤压，直到突出阴户外面为止，甚至发生阴道壁脱垂，脱垂部呈主动性充血和肿大，已暴露到阴户外的部分由于摩擦易引起损伤和感染。除此之外还会有流产、死胎的情况，以及频繁发情、假孕、乳房肿胀、乳汁分泌等症状。

(2) 急性中毒的犬、猫，出现明显的神经系统亢奋，表现为全身肌肉震颤、过度兴奋、步态不稳等，严重者可导致死亡。此外，还可能伴有拉稀、尿频、脏器出血、身体激素平衡紊乱、食欲减退、精神萎靡等症状。

(3) F-2 中毒的病理特征主要集中在生殖生理上，如阴道和子宫间质性水肿，阴道、子宫黏膜上皮细胞增生，出现鳞状细胞变性。阴道、阴户、子宫肌层因水肿而增厚，细胞成分增生肥大。此外，F-2 的子宫营养作用也可使子宫角增大，子宫内膜增厚，在组织学上可见到伴随黏膜下层间质性水肿而出现的子宫内膜腺体增生。

【诊断】

根据有无采食霉变饲料的病史、雌激素综合征和雌性化综合征等临床症状，以及生殖系统的一系列特征性病理变化，作出初步诊断。

抗生素对症治疗无果，若怀疑是霉菌毒素中毒，需对饲料样品进行产毒真菌的培养、分离，同时应用薄层色谱、气相色谱-质谱仪检测饲料中的玉米赤霉烯酮，并用未成熟小鼠做生物学鉴定等。

【治疗】

玉米赤霉烯酮在临床上没有特效解毒药，一般只需停止饲喂霉变饲料，保持环境卫生，及时补充维生素 A、维生素 D、维生素

E、维生素 K、叶酸、蛋氨酸等营养物质，缓解玉米赤霉烯酮带来的危害，症状会逐渐消失。犬、猫还可通过腹膜透析配合强心补液治疗。

【预防】

预防玉米赤霉烯酮中毒的根本措施是防止饲料霉变。饲料含有水分，长时间储存，从冬季到春季，环境温度从低到高的转变，会使镰刀菌通过霉菌代谢产生毒素。玉米赤霉烯酮结构稳定，经高温处理仍有毒性，故发现霉变的饲料应该弃去，避免犬、猫接触含有玉米赤霉烯酮的饲料。

第九节　亚硝酸盐中毒
（nitrite poisoning）

亚硝酸盐中毒是动物由于采食富含硝酸盐或亚硝酸盐的饲料或饮水，在体外或体内转化形成亚硝酸盐，进入血液后使血红蛋白变性，失去携带氧的能力，导致组织缺氧的一种急性、亚急性中毒。临床上主要表现为皮肤、黏膜发绀，呼吸困难，血液褐变，胃肠道炎症等。

【病因】

犬、猫的亚硝酸盐中毒主要是因为摄入亚硝酸盐含量过高的食物或饮水。

（1）犬、猫日粮加工不当，食入腌制不良的食品　硝酸盐还原菌广泛分布于自然界，其最佳生长温度为 20～40℃，当青绿饲料或块根饲料存放不当、腐败变质或用温水浸泡、文火焖煮或长久加盖保温时，硝酸盐还原菌活跃，可将饲料中的硝酸盐转化为亚硝酸盐。亚硝酸盐具有防腐性，可与肉品中的肌红素结合而更稳定，所以常在食品加工中被添加在香肠和腊肉等肉类中作为保色剂和保鲜剂，以维持良好的外观和品质。但是，如果加工不当则会使犬、猫吸收过量亚硝酸盐，导致亚硝酸盐中毒。

（2）饮用硝酸盐含量高的饮水　硝酸盐与亚硝酸盐均溶于水，进入土壤中的硝酸盐可经地下水的过滤或雨水的冲刷而到达地面水中。

（3）误投药物　硝酸盐肥料、工业用硝酸盐或硝酸盐药物与食盐相似，被误混入饲料或误食而导致中毒。

【发病机理】

亚硝酸盐是强氧化剂毒，其被吸收入血后与氯离子交换进入红细胞，迅速将血红蛋白中的亚铁离子氧化为三价铁离子，从而使得正常的氧合血红蛋白（HbO，二价铁血红蛋白）转化为异常的高铁血红蛋白（MetHb，三价铁血红蛋白，变性血红蛋白），此时铁离子与一个羟基（—OH）稳定结合，不能还原为亚铁离子，导致血红蛋白丧失了正常的携氧功能，从而引起全身性缺氧。一般情况下，30％的血红蛋白被氧化即可出现临床症状。中枢神经系统对缺氧最为敏感，因此会出现一系列神经症状甚至窒息死亡。亚硝酸盐所引起的血红蛋白变化是可逆的，血液中的辅酶Ⅰ、抗坏血酸等都可使三价铁血红蛋白还原成二价铁血红蛋白，恢复携氧功能。机体这种解毒能力存在个体差异，饥饿、消瘦、营养不良等会使犬对亚硝酸盐的敏感性升高。

亚硝酸盐还具有扩血管的作用，其进入血液后能直接松弛血管平滑肌，引起血管扩张，导致血压下降，外周循环衰竭。

此外，亚硝酸盐还被报道具有致癌和致畸的作用。亚硝酸盐在体内转化为亚硝胺和亚硝酰胺，可引起成年犬、猫肿瘤，甚至透过胎盘屏障使子代致癌。

【临床症状】

亚硝酸盐中毒多为急性中毒，多发于采食后半小时至数小时。最急性病例表现为突然狂叫、站立不稳、突然倒地死亡。急性型病犬表现为精神不安、呻吟、呕吐、流涎、可视黏膜发绀、严重呼吸困难、呼吸急促、脉搏细微、体温正常或下降、四肢厥冷。后期可见肌肉震颤、四肢无力、卧地、阵发性痉挛，最终死亡。

【诊断】

（1）病史调查 详细了解动物中毒发生的时间、地点及既往病史；了解动物饲粮种类，保存、加工情况，分析饲料是否存在保存、加工或使用不当的可能；了解附近有无污水排放，环境是否被污染等。

（2）临床检查 根据黏膜发绀、血液褐变、呼吸困难等临床症状，短急的发病经过以及起病的突然性，与饲料调制或加工不当的关联性，可做出初步诊断，并立即抢救。通过特效解毒药亚甲蓝的疗效进一步验证。必要时现场可做变性血红蛋白和亚硝酸盐简易检验。

（3）解剖检查 中毒犬、猫尸体腹部多数较为膨满，皮肤苍白，可视黏膜发绀，血液颜色暗红或呈酱油色变化，长期在空气中暴露也不变红，胃黏膜充血，黏膜表面有较多黏液，实质脏器充血、浆膜出血，气管、支气管内有大量淡红色泡沫状液体。

（4）确诊依据 毒物分析及变性血红蛋白检查。

亚硝酸盐简易检验：取胃肠内容物或残余食物的液汁 1 滴，滴于滤纸上，加 10％联苯胺液 1～2 滴，再加 10％冰醋酸 1～2 滴，滤纸变为棕红色，即为阳性，证明有亚硝酸盐存在，否则滤纸不变色。

亚硝酸盐的鉴定（Griess 试纸法）方法：取可疑的剩余食物或胃内容物加适当蒸馏水搅拌，取浸渍的滤液 1～2 滴，滴于 Griess 试纸上，观察有无颜色反应，其颜色深浅可反映含量的多少。

变性血红蛋白的检查：取少许血液于试管中，在空气中振荡后变为鲜红色，为还原型血红蛋白；振荡后仍为棕褐色，可能是变性的血红蛋白。为进一步验证，可滴加 1％氰化钠液 1～3 滴，棕褐色血液即转为鲜红。

在诊断时应注意与氯酸盐中毒相区别，因为氯酸盐中毒也可引起高铁血红蛋白血症，但其亚硝酸盐检验为阴性。

【治疗】

应及时应用特效解毒药，配合一般排毒和对症治疗。

（1）特效解毒药

① 小剂量的亚甲蓝对亚硝酸盐中毒效果好。但要注意小剂量

亚甲蓝是还原剂，能迅速将高铁血红蛋白还原为血红蛋白。大剂量亚甲蓝是氧化剂，故使用时不可过量。通常用1‰亚甲蓝液（取亚甲蓝1g，溶于10mL酒精中，再加灭菌生理盐水90mL），按1～10mg/kg静脉注射。

② 甲苯胺蓝治疗亚硝酸盐中毒的效果优于亚甲蓝，其还原变性血红蛋白的速度比亚甲蓝快37％，剂量按5mg/kg，配成5％溶液，静脉注射，也可作肌内注射或腹腔注射。

③ 维生素C与高渗葡萄糖对亚硝酸盐中毒具有较好的辅助疗效。维生素C也是一种还原剂，但效果不如亚甲蓝好；葡萄糖进入红细胞，作为供氢体促进还原型辅酶Ⅱ（NADPH）的生成，而增进亚甲蓝的还原作用，同时促进生成还原型辅酶Ⅰ（NADH），在NADH脱氢酶作用下，使三价铁血红蛋白转变为二价铁血红蛋白。因此，注射葡萄糖只能促进高铁血红蛋白的还原，仅起辅助疗效。

④ 服用植物油2.5mL/kg体重或硫酸钠0.5g/kg体重，可缩短硝酸盐和亚硝酸盐在胃肠道停留的时间，并可减少硝酸盐转化为亚硝酸盐。

（2）一般排毒及对症疗法

① 配合催吐、下泻、促进胃肠蠕动和灌肠等排毒治疗措施。

② 对重症病畜还应采用强心、补液和兴奋中枢神经等支持疗法。

【预防】

食剩的熟菜不可在高温下存放过长时间，以免被犬、猫误食；避免犬、猫食用过多的腌制肉品；避免错把亚硝酸盐当食盐用。

第十节　肉毒毒素中毒
(botulinum toxin poisoning)

肉毒梭菌（*Clostridium botulinum*）是一种腐生性细菌，广泛分布于土壤、海洋和湖泊的沉积物，哺乳动物、鸟类和鱼的肠道，以及饲料和食品中。此菌不能在活的机体内生长繁殖，即使进入消化道，亦随粪便排出体外。此菌在厌氧环境中且获得适宜的营养时，即可生长繁殖并产生肉毒毒素。肉毒毒素是一类锌结合蛋白质，具有蛋白酶活性，性质稳定，是毒性最强的神经麻痹毒素之一。根据毒素性质和抗原性不同，内毒毒素可分为 A、B、C（Cα、Cβ）、D、E、F、G 7 个型。A～G 型肉毒毒素在菌体内刚合成时均为无毒性的毒素前体，由神经毒和非毒性两个亚单位组成，前者分子量为 150000，各型有共同的保守区序列。非毒性亚单位保护毒素前体免受胃蛋白酶的水解。因此，该毒素对胃酸和消化酶都有很强的抵抗力，在消化道内不会被破坏，其中 C～F 型毒素被蛋白酶激活后才发挥毒性作用。此外，毒素能耐 pH 值 3.6～8.5，对高温也有抵抗力，100℃ 15～30min 才能破坏。在动物尸体、骨头、腐烂植物、青贮饲料和发霉饲料及发霉的青干草中，毒素能保存数月。肉毒毒素中毒是动物摄入被肉毒毒素污染的食物或饲料而引起的运动神经麻痹，导致以肌肉软弱无力为特征的中毒性疾病，各种动物均可发生。

【病因】

犬、猫肉毒毒素中毒的主要原因是误食了被肉毒毒素污染的饲料、肉制品以及动物尸体。

【发病机理】

肉毒毒素作用于神经肌肉接点，主要进入突触前膜，通过受体介导的胞吞作用，在金属内切蛋白酶的作用下，将神经递质释放的突触融合蛋白、小突触泡蛋白和 SNAP-25 隔开，抑制了乙酰胆碱颗粒的脱粒或胞吞作用，阻止胆碱能神经末梢释放乙酰胆碱，从而阻断了神经冲动传导，导致运动神经麻痹。毒素还损害中枢神经系统的运动中枢，引起呼吸肌麻痹，导致动物窒息死亡。

【临床症状】

本病的症状和严重程度因动物种类不同和摄入毒素量的多少而有差异，一般在摄入毒素后 4～20h 发病，有的长达数日。犬表现为渐进性不协调，从后肢逐渐发展到前肢，肌肉张力下降，肌反射减弱，仍有痛觉，流涎，下颌无力，瞳孔散大，眼睑反射减弱，呼吸困难，吞咽障碍等症状。最终可因呼吸肌麻痹、继发呼吸道或尿道感染而死亡。

剖检可见胃内空虚或有少量内容物，胃黏膜呈卡他性炎症和小点状出血，心内膜有小点状出血，心脏扩张，心包积液，肺淤血、水肿，咽喉和会厌黏膜有灰黄色渗出物。肝和脾淤血、质脆，有大小不一的坏死病灶，肾脏被膜易剥离，淋巴结水肿。犬的血液呈黏稠酱油样，膀胱呈树枝状充血。

【诊断】

根据肌肉麻痹的临床症状，结合病因进行分析，可初步诊断。确诊需采集动物胃肠内容物和可疑饲料，加入 2 倍以上的无菌生理盐水，充分研磨，制成混悬液，常温放置 1～2h，然后离心（血清或抗凝血可直接离心）。取上清液加抗生素处理后，分成 2 份：一份不加热，供毒素试验；另一份 100℃加热 30min，作为对照。分别取试验组和对照组样品对小鼠进行皮下注射，观察两组小鼠状态变化。如检出毒素则需要鉴定毒素类型。本病应与低钙血症、低镁血症、有机磷中毒、霉菌毒素中毒及其他中枢神经系统疾病进行鉴别。

【治疗】

本病尚无特效解毒药，治疗原则是阻止毒物吸收、解毒排毒、强心和纠正电解质平衡。犬、猫发病时，应立即停喂可疑饲料，灌服硫酸钠等盐类泻剂，或使用 0.1%高锰酸钾溶液洗胃、肥皂水灌肠等方式促使毒素排出。在未确定毒素分型前可使用肉毒梭菌多价抗毒素血清 5mL/d 肌内注射（确定毒素分型后用同型抗毒素），另静脉注射 25%葡萄糖、硫胺素、维生素 C 等，以保护肝脏，促进毒物排出。此外，针对不同病例，如出现心肌收缩力减弱情况，需使用苯甲酸钠、咖啡因等强心药进行对症治疗。

需要注意的是，在解毒排毒的同时，应注射抗生素防止继发感染，对犬注射青霉素或甲硝唑的方法已被采用，但仍存在争议，因为青霉素或甲硝唑可能会导致细菌溶解从而增加毒素的释放，或通过改变肠道正常菌群引起 C 型肉毒梭菌结肠化。同时，应注意禁止口服氨基糖苷类抗生素，因其会阻断神经传递加重肌无力和瘫痪。治疗过程中还应避免使用副交感神经药物、氨基吡啶类药物、胍类药物，因为这些药会耗尽蓄积的乙酰胆碱而加剧麻痹。由于本病导致的肌肉麻痹，患病犬、猫的咀嚼和吞咽可能存在困难，需要进行人工营养支持，且需及时除去口腔内聚集的黏液和突出物，以防止异物性肺炎。患病犬、猫呼吸系统症状严重时，可进行人工呼吸。

【预防】

预防肉毒毒素中毒以妥善加工食品为主，特别是在加热灭菌和卫生方面。罐头食品可通过加热（如蒸煮）灭菌或灭活孢子，或通过抑制其他产品中的细菌生长和毒素产生来防止食源性肉毒毒素中毒。此外，也可通过煮沸来破坏细菌繁殖体，不过孢子在煮沸后数小时内仍可保持活力，可通过超高温处理杀死孢子。

第十一节　维生素 A 中毒
（vitamin A poisoning）

维生素是动物维持正常生命活动、保证健康生长和繁殖所必需的营养物质。它们既不是构成机体组织的成分，也不是体内供能的物质，然而在调节物质代谢和维持生理功能等方面发挥着重要作用。维生素 A 是一组具有维生素 A 生物活性的物质，有多种形式，常见的有维生素 A 醇（视黄醇）、维生素 A 醛（视黄醛）、维生素 A 酸、脱氢视黄醇（维生素 A_2）、维生素 A 棕榈酸酯等。一般人们常说的维生素 A 指视黄醇和脱氢视黄醇。维生素 A 在动物机体的胚胎发育、骨骼发育、视力等方面发挥重要作用，而维生素 A 缺乏不仅会导致身体发育迟缓，还会降低暗适应能力从而引发夜盲症。然而，过量摄入维生素 A 又可能导致动物出现中毒现象。维生素 A 中毒是动物维生素 A 摄入量过大引起的以生长发育缓慢、跛行、共济失调和发生骨疣等为特征的中毒性疾病。各种动物均可发生，临床上常见于犬和猫。

【病因】

猫由于缺乏 β-胡萝卜素裂解所必需的酶，因此需要在正常饮食外补充一定的维生素 A，所以猫的发病率比犬稍高。维生素 A 中毒的病例没有品种、性别或年龄偏好。具体中毒原因主要有：

① 动物体内大部分维生素 A 都储存在肝脏中，约占全部维生素 A 的 90%～95%。因此，犬、猫食用了大量动物肝脏，可能导致维生素 A 摄入过量引起中毒，这种情况一般多发生于饲养场或家养的犬、猫。

② 家中有储备用的维生素 A 制剂，若保存不当可能会被犬、猫误食导致中毒。

③ 宠物主人过多投喂鱼肝油胶囊（主要成分是维生素 A 和维生素 D）给犬、猫，导致维生素 A 中毒。

【发病机理】

维生素 A 在肠壁与脂肪酸结合成酯，通过门静脉进入肝脏，大部分储存在肝脏，少部分储存在体脂内。维生素 A 在动物体内降解的过程尚不清楚，一般不以原型由尿排出。由于维生素 A 从机体内排泄的速率缓慢，而且动物机体对维生素 A 的需求量是有限的，摄入大量的维生素 A 超过机体储存限度时，即可对机体产生毒性。维生素 A 中毒时，主要对肝脏、凝血功能、骨骼及皮肤产生一定的毒性。其对肝脏造成不可恢复的损伤，引起肝细胞坏死、肝纤维化和肝硬化，从而发生一系列的肝功能紊乱；同时可使凝血时间延长，易出血；还会增强破骨细胞的活性导致骨质脱钙、骨脆性增加、骨骼生长受阻、长骨变粗以及关节疼痛；以及皮肤和角蛋白的发育异常，出现皮肤病变的一系列症状。

【临床症状】

（1）急性症状　犬、猫发生呕吐、腹泻、食欲减退、眼结膜充血、肌肉震颤、抽搐、弓背、行动迟缓、步态紧拘。

（2）慢性症状　除上述症状外，还可出现皮肤瘙痒、脱屑、皮疹、毛发干枯、牙龈出血、喜卧不动、瘫痪、颈椎病、外生骨疣、长骨骨折、凝血功能障碍、贫血、慢性肝炎、肝功能下降。

（3）幼年动物　食欲差、精神差、毛发干枯、凸眼症、牙齿松脱，这些症状一般只出现在幼猫。

【诊断】

（1）病史调查　询问宠物主人宠物发病的时间和异常症状，宠物主人一般能观察到宠物的呕吐、腹泻、震颤、抽搐等症状。询问宠物主人最近是否有投喂动物肝脏，以及是否饲喂过维生素复合营养剂。同时，宠物主人需要检查家中存放维生素的药瓶是否遭到了宠物啃咬导致宠物误食。

（2）临床检查　对中毒的犬、猫进行全面检查。观察犬、猫的精神和被毛状态，以及是否有呕吐和腹泻的症状。如果出现呕吐、腹泻的症状，要重点观察呕吐和腹泻的频率。观察犬、猫是否有神经症状如震颤、抽搐或瘫痪。由于维生素 A 中毒会损害骨组织生长，会导致疼痛，可以略微按压动物四肢或颈椎看有无疼痛反应。犬、猫可能出现跛行、骨骼发育异常，因此可以做 X 射线检查或磁共振成像（MRI）检查，确认是否有外生骨疣、中段骨皮质增厚或长骨骨折的情况。

（3）剖检诊断　急性维生素 A 中毒死亡的动物可表现出急性肾功能衰竭的症状。慢性中毒则可能出现骨质较脆、长骨骨折、颈椎病、软组织肿胀等症状。剖检可见肝脏肿大呈淡黄色，有白色病灶，肝小叶纤维化；脾脏轻度肿大且苍白；肾脏呈棕褐色。

【治疗】

立即停止饲喂维生素 A 含量过多的日粮，病情较轻者可恢复正常，但骨骼的变化一般难以恢复。急性中毒应及时进行解毒治疗，如催吐、缓泻，以排除毒物，同时还可静脉注射 10% 葡萄糖生理盐水。为缓解因肝脏损害而导致维生素 K 缺乏引起的出血现象，可口服或注射维生素 K 制剂。此外，根据病情采取相应的对症治疗。

【预防】

① 将维生素补充剂妥善存放于动物无法接触的地方，以防止误食中毒。

② 在日常饮食中适度补充维生素，确保各种维生素的摄入量均衡。

③ 避免一次性过量投喂动物肝脏。

④ 不建议使用鱼肝油补剂，而是尽量提供营养均衡的商业化宠物食粮，以预防由于某些营养元素缺乏或过多引起的中毒。

⑤ 在临床应用维生素 A 制剂时（例如治疗维生素 A 缺乏症），需注意药物用量和持续时间，以避免过度积累而导致中毒。

第十二节 维生素 D 中毒
（vitamin D poisoning）

维生素 D 是一种脂溶性维生素，负责调节动物体内钙和磷酸盐水平，并促进骨骼的矿化。当血液中的钙水平下降时，维生素 D 被激活并有助于肠道从食物中吸收更多的钙，进而减少尿钙的流失。犬、猫可通过食物摄入维生素 D。然而，大量摄入维生素 D 可能会导致动物中毒。维生素 D 中毒是由于食物中维生素 D 添加过多而引起的一种以高钙血症和软组织广泛性钙化为特征的中毒性疾病。

【病因】

饲料中长期添加过量的维生素 D 是导致动物中毒的主要原因。维生素 D 被动物机体吸收后可在体内组织中储存，且其排泄的速率较慢，因此过量使用时容易在体内逐渐蓄积而引起中毒。大多数动物连续饲喂维生素 D_3 超过需要量的 4～10 倍以上达 60d 后即可引起中毒，但大多数动物短期饲喂可耐受需要量 100 倍的剂量。犬、猫给予大量的猪肝或鱼肝油时也可发生中毒。

【发病机理】

维生素 D 在肠道内胆汁酸盐的参与下吸收进入肝脏后，在肝细胞的微粒体和线粒体中，维生素 D 在 25-羟化酶的催化下生成 25-$(OH)D_3$，这是在血液循环中维生素 D 的主要形式。25-$(OH)D_3$ 经肾小管上皮细胞线粒体内 1α-羟化酶的作用生成 1，25-$(OH)_2D_3$，再进一步转化为 1，24，25-$(OH)_3D_3$。一般认为，1，25-$(OH)_2D_3$ 的生物活性最强，可与靶器官的核受体和膜受体结合发挥相应的生物学效应。维生素 D 通过刺激肠道、骨骼和肾脏中特异性的"泵"来提高血浆中钙、磷水平，以便维持骨骼正常的矿化和机体的其他机能。

但当维生素 D 的摄入量过多而大大超过动物的需要量时，则过多的 1，25-$(OH)_2D_3$ 对骨有直接作用，刺激破骨细胞增殖，进而促进骨盐溶解，使大量钙从骨组织中转移出来，导致血钙升高，引起高钙血症，进而在体内软组织中发生普遍性钙盐沉积，如在大动脉管壁、心肌、肾小管、肺以及其他软组织中都可沉积（软组织广泛性钙化），从而影响这些器官与组织的正常生理功能，特别是肾脏受损尤为严重，可引起肾钙化及肾功能减退，严重者可因尿毒症而致死。与此同时，由于大量的钙从骨中转入其他组织，使骨骼脱钙变脆，易于变形和发生骨折。

由此可见，维生素 D 中毒实质上是维生素 D 的活性物质在体内过多蓄积，而使动物机体的钙、磷代谢严重失调，导致动物中毒。

【临床症状】

中毒通常在摄入维生素 D12～36h 后出现临床症状，且症状的严重程度与摄入的量相关。

较小剂量：临床症状表现为呕吐、腹泻、流涎、大量饮水和排尿增加、腹痛、精神沉郁和食欲不振。

较高剂量：表现为体内钙和磷水平升高，引起高钙血症和高磷血症，从而导致肾功能衰竭。猫还会出现内出血。

严重中毒：除了以上症状，还可能出现呼吸频率加快，呼吸困难，肠道出血，心率滞缓，心律异常，以及身体组织矿化，特别是肾脏、肺、动脉壁、心肌和肠道等部位。如果没有得到及时治疗，可能会导致死亡。

慢性中毒：长期摄入含高剂量维生素 D 的日粮可能引起慢性中毒，慢性中毒的前期临床症状可能不明显，但容易导致身体组织矿化。

【诊断】

（1）病史调查　详细了解动物中毒发生的时间、地点以及发病症状和既往病史；了解动物日粮的种类、储藏方式，分析日粮是否存在过期或霉变的情况，了解日粮成分含量；了解动物最近是否使用过药物或保健用品；了解动物最近是否吞食了某些异物。

（2）临床检查　对中毒动物进行全面检查，维生素 D 中毒可能会出现呕吐、腹泻、流涎、大量饮水和排尿增加、腹痛、精神沉郁和食欲不振、肾功能衰竭、心功能异常以及组织矿化等。

（3）实验室检查　包括血常规检查、血生化检查和尿常规检查，必要时也可以进行粪检。维生素 D 中毒会有非常明显的高钙血症和高磷血症。

（4）治疗性诊断　根据临床症状，通过治疗效果进行验证诊断，如治疗效果较好，可据此作出诊断。

【治疗】

中毒动物应及时治疗，包括进行催吐、缓泻。可用强的松龙，剂量为 2～6mg/kg，2 次/d；也可用速尿，2～4.5mg/kg，3 次/d；或皮下注射降钙素，4～6IU/kg，1 次/3h。

【预防】

预防的原则是合理应用维生素 D，要注意用量及持续用药时间，防止过量蓄积中毒。

第十三节　其他食物中毒

（other food poisoning）

小动物其他食物中毒常见于误食某些人类能食用而小动物（如犬、猫）不能食用的食物。一些常见的宠物食物中毒，例如牛奶中毒（猫可能发生）、味精中毒、水果中毒等，简单介绍如下。

1. 牛奶中毒

小动物牛奶中毒相对较少见，但有时也会发生，特别是对于猫来说，可能会出现呕吐、腹泻、腹部疼痛、无精打采等症状。

【病因与机理】

（1）乳糖不耐受　一些犬猫由于缺乏乳糖酶，无法有效地消化牛奶中的乳糖，乳糖进入肠道后会发酵，产生气体，引起胃肠不适。

（2）消化不良　牛奶中的乳脂和蛋白质可能引起一些小动物消化不良，表现为腹泻、呕吐等症状。

（3）过饮　有些小动物会过量饮用牛奶，导致胃肠道不适，并且有水中毒的风险。

（4）其他　如过敏等。

【预防与治疗】

为了避免宠物牛奶中毒，主人应避免给宠物喝牛奶。如果想要给宠物提供一些特殊饮品，可以选择专门为它们设计的动物奶或者向宠物医生咨询适合它们的替代品。

如果宠物不慎饮用了牛奶并出现了不适症状，应立即联系宠物医院进行处理。治疗包括对症处理，如给予止泻药物、补充水分、调整饮食等。在严重情况下，可能需要宠物医生来处理并发症和提供其他治疗措施。

　小动物中毒病学

2. 味精中毒

小动物味精中毒一般相对较少，主要是由于误食了含有味精的食物。味精是一种常用的食品添加剂，其化学成分为谷氨酸钠。它常被用来增强食物的味道。然而，大量的味精摄入可能会对小动物的健康造成危害。

【病因与机理】

谷氨酸钠过量摄入：小动物摄入过量的谷氨酸钠可能导致中枢神经系统异常兴奋，表现为过度兴奋、颤抖、呕吐、腹泻、心跳加快、虚弱等。

【预防与治疗】

为了预防小动物味精中毒，主人应该避免给它们食用含有味精的食物。一些人类食物和调味品中可能含有味精，如速食食品、咸味零食等，因此应避免让小动物接触这些食物。

如果小动物不慎食用了味精并出现中毒症状，应立即联系宠物医院进行治疗。治疗包括支持性护理，如控制呕吐、补充水分、调整饮食等。在严重情况下，可能需要医生给予进一步的治疗，如药物治疗或其他支持性治疗。

3. 水果中毒

小动物水果中毒是指小动物食用了某些水果后引起的中毒反应。虽然许多水果对人类来说是健康的，但有些水果可引起小动物中毒，或者引起消化不良。

【病因与机理】

（1）提子　类似于葡萄。

（2）柑橘类水果　柑橘类水果如柠檬、橙子、柚子等含有柠檬酸和橙皮苷等成分，过量摄入可能引起消化不良或肠道不适。

（4）杏果、樱桃等瓜果　这些水果的种子或果核中含有氰化物，大量摄入可能导致中毒。

（5）荔枝　荔枝中含有荔枝毒素，可能引起低血糖、呕吐和腹泻等症状。

（6）番茄、茄子　番茄和茄子的茎叶中含有茄碱，过量摄入可能引起中毒。

【预防与治疗】

为了预防小动物水果中毒，主人应该避免让它们接触到对其有毒或潜在有害的水果。如果不确定某种水果是否安全，最好咨询宠物医生。如果不慎食用了对其有毒的水果或出现了中毒症状，应立即联系宠物医院进行治疗。治疗包括支持性护理，如控制呕吐、补充水分、调整饮食等。在严重情况下，可能需要宠物医生给予进一步的治疗，如药物治疗或其他支持性治疗。

【复习思考题】

1. 简述食源性中毒的一般治疗方法。
2. 巧克力和咖啡中毒的机理。
3. 玉米赤霉烯酮中毒的症状及防治。

第五章

药物中毒

◉【本章导读】

　　药物中毒是指临床上在治疗和预防动物疾病时，用药剂量过大、用药时间过长、配伍不当和使用伪劣药物等，导致动物功能性或器质性病变，严重威胁动物健康。因此，临床上需要掌握不同药物的药理作用和毒理作用，才能对药物中毒进行合理的诊断与治疗。

◉【学习目标】

　　1. 了解不同药物对小动物健康造成的负面影响，并熟练掌握相关知识内容。

　　2. 掌握不同药物中毒后的解毒方法，避免出现误诊，最大限度地确保动物健康。

◉【本章概述】

　　兽药是用于动物疾病预防和治疗的特殊物质，其开发、生产、流通和运用与动物疫病防控、动物福利、动物源性食品安全等息息相关。目前，兽药的使用已逐步规范，但仍然存在用药剂量过大、用药时间过长、配伍不当和使用伪劣药物等问题，对动物健康造成潜在危害。

某些药物中毒有典型的临床症状，但由于动物的个体差异及临床条件的限制，临床上对中毒难以准诊。因此，了解不同种类的药物对小动物健康的影响，可对动物药物中毒进行甄别、诊疗和防治。

第一节　舒喘宁中毒
（salbutamol poisoning）

舒喘宁，又称嗽必妥、硫酸沙丁胺醇，是一种具有高度选择性的短效 β_2-肾上腺素受体激动剂，可选择性激动支气管平滑肌的 β_2 受体，从而扩张支气管，舒缓呼吸。舒喘宁通常被用于舒张犬、猫的支气管平滑肌，以治疗喘息性慢性支气管炎和各种原因导致的支气管哮喘。舒喘宁有多种剂型，包括气雾剂型、片剂型、缓释片剂型、粉剂型和溶液剂型。舒喘宁中毒主要是由于过量摄入或长期服用所导致的机体多种不良反应，通常以心动过速、呼吸急促、低钾血症、酮症、乳酸中毒、心律失常等为特征，同时伴有四肢无力、肌肉震颤、烦躁不安、心动过速、低血压、呼吸急促等症状。

【病因】

舒喘宁一般口服或气雾吸入给药，通常在吸入 5min 内或口服 30min 内即可产生效果。药物作用持续时间较长，吸入后可持续 3～6h，最长可达 12h。其大部分在肠壁和肝脏内代谢排除，进入血液循环的原型药物少于 20%，主要经肾排泄。舒喘宁中毒主要是由于动物一次性摄入过量或长期用药引起，具体原因主要有：

① 误食过量舒喘宁片剂。

② 意外暴露在舒喘宁气雾剂环境下。

③ 用于支气管扩张剂治疗哮喘等疾病时给药过量。

④ 长期用药引起肝脏、肾脏、心脏等器官损伤。

然而，目前尚未确定舒喘宁对犬、猫的最小致毒性剂量，并且即使在正常治疗剂量下也可能产生不良反应。

【发病机理】

肾上腺素受体分为 α、β 受体，其中 β_1 受体主要分布在心脏，β_2 受体主要分布在平滑肌上，如血管平滑肌、消化管平滑肌和支气管平滑肌等。β_2 受体激动后，可引起相应的平滑肌舒张。当过量药物进入动物机体引起不良反应时，其发病机理主要是：

① 激动骨骼肌 β_2 肾上腺素受体，使得细胞内 cAMP 浓度和细胞膜 Na^+，K^+-ATP 酶活性升高，进而促进细胞外 Na^+ 与细胞内 Na^+ 交换，或促使细胞 K^+ 通道开放，促进摄取细胞外 K^+。细胞外血钾向细胞内转移可以使得血清钾浓度降低，从而造成低钾血症，而浦肯野纤维对低血钾敏感，当血清钾降低时，易产生早搏或心律失常。

② 激动血管平滑肌 β_2 受体，使得外周血管舒张，进而引起低血压。

③ 激动肾上腺素 β_1 受体，产生正性肌力作用，造成心动过速、心搏强烈。

④ 增加机体肌糖原的分解，引起血液乳酸和丙酮酸含量升高和酮体增多，从而导致代谢紊乱，出现酮症酸中毒和乳酸中毒。

⑤ 传统的舒喘宁气雾剂配方中的氟碳化合物和氯氟碳化合物推进剂会影响心肌功能，引起心律失常。

【临床症状】

临床上可能出现以下症状：

（1）心血管系统　心动过速、心搏强烈、心律失常、低血压、血管舒张。

（2）内分泌系统　由于交感神经刺激引起高血糖导致的胰岛素分泌。

（3）呼吸系统　呼吸急促、呼吸困难。

（4）神经系统　精神焦虑、烦躁不安、癫痫发作、激动。

（5）肌肉　肌肉震颤、四肢无力。

（6）血液　低钾血症。

（7）其他　呕吐、高热、结膜炎、口渴。

【诊断】

确定是否为舒喘宁中毒，可通过病史调查、临床检查，并结合实验室检验结果等进行鉴别判断。

（1）病史调查　通过咨询主人，了解动物是否有服用舒喘宁或过度摄食舒喘宁的可能性，观察动物的临床症状以及发病过程。

（2）临床和实验室检查　检查动物的呼吸、心跳、皮肤与毛发状态、口腔状况、骨骼状况、淋巴结是否肿大、眼耳鼻是否有分泌物、腹部脏器是否触诊异常、肛门与外生殖器状况等。此外，还可以进行血压监测、心电图监测、电解质检查、血细胞比容/总固体（PCV/TS）检查、血糖测量、全血细胞计数、血清化学检查和尿液分析等检查，从而判断动物是否有四肢无力、肌肉震颤、烦躁不安、心动过速、呼吸急促、精神激动、呕吐、高热、低血钾、低血压、心律失常等临床症状。

（3）治疗性诊断　通过治疗效果来判断是否为舒喘宁中毒。

【治疗】

中毒病的治疗原则是维持生命及避免毒物持续作用于机体。

（1）对症治疗

① 窦性心动过速、快速性心律失常：

[处方1]普萘洛尔 0.02mg/kg 缓慢静脉注射 8h，最大量为 1mg/kg。

[处方2]艾司洛尔 0.1～0.5mg/kg 缓慢静脉注射，持续性静脉输注（CRI）为 0.05～0.1mg/(kg·min)。

[处方3]地尔硫卓 0.1～0.2mg/kg 缓慢静脉注射，CRI 为 0.005～0.02mg/(kg·min)。

② 室性心律失常：利多卡因 2mg/kg 缓慢静脉注射，CRI 为 30～50μg/(kg·min)。

③ 低钾血症：每隔 4～6h 监测血钾浓度，根据需要通过静脉输液补充氯化钾，速率不超过 0.5mEq/(kg·h)[注：mEq/kg＝(mmol/kg)×原子价]。

④ 肌肉震颤：可用苯二氮䓬类药物治疗。

⑤ 低血压：静脉输液治疗。

⑥ 精神焦虑：地西泮 0.2～0.5mg/kg 静脉注射。

（2）解毒治疗

① 特效解毒药：舒喘宁中毒无特效解毒药。

② 催吐、洗胃、泻下：动物摄入片剂舒喘宁时，如无明显症状可立即催吐。2h 内摄入且及时就诊可洗胃，使用单剂量活性炭（1～3g/kg）和泻药。

【预防】

① 使用含有舒喘宁药物的产品时，严格按照医生指导用药。

② 用药后一旦发现有临床症状出现，立即停止用药，及时送往动物医院处理。

第二节　血管紧张素转化酶抑制剂中毒
（angiotensin converting enzyme inhibitor poisoning）

血管紧张素转化酶抑制剂（angiotensin converting enzyme inhibitor，ACEI）是一种抑制血管紧张素转化酶活性的化合物，主要包括培哚普利、福辛普利、赖诺普利以及雷米普利等。血管紧张素转化酶可催化血管紧张素Ⅰ生成血管紧张素Ⅱ，后者是血管收缩剂和肾上腺皮质类醛固酮释放的激活剂。ACEI 可以通过抑制血管紧张素Ⅱ的生物合成控制高血压，在兽医临床上主要应用于治疗高血压、心衰以及肾小球疾病等。

【病因】

过量服用或长期服用 ACEI 以及人为投毒。

【发病机理】

ACEI 的药理作用主要是抑制肾素-血管紧张素-醛固酮系统，但在低肾素浓度的动物中也能有效降低血压。ACEI 还能够降低心衰动物的前负荷和后负荷以及减少左心室重构（有时发生于心肌梗死后）。另外，ACEI 类药物可使肾小球滤过率呈不同程度降低，从而出现程度不等的血肌酐升高现象。

【临床症状】

（1）干咳　干咳最为常见，发生率可达 20%，一般停药后即可缓解。

（2）全身性症状　如食欲减退、口腔异味、头痛、胸痛及局限于双下肢或全身性的水肿。

（3）类似过敏性鼻炎症状　鼻塞、流涕等类似过敏性鼻炎症状，并伴有明显瘙痒的皮疹。

（4）肾功能受损　可出现蛋白尿及血肌酐、尿素氮升高的现象。

（5）具有一定程度的致畸作用　可导致胎儿发育异常或死胎。

（6）低血压　在治疗开始几天或增加剂量时易发生。

（7）高钾血症　严重者可引起心脏传导阻滞。

【诊断】

（1）病史调查　详细了解动物中毒发生的时间和地点、发病数量、死亡数量及既往病史；了解动物服用的药物剂量和时长。

（2）临床检查　对中毒动物进行全面检查，根据收集到的症状，结合病史，逐渐缩小可疑毒物的范围，大致推断出中毒的种类，为临床急救提供依据。

（3）解剖检查　首先进行体表检查，注意被毛和口腔黏膜的色泽，然后对皮下脂肪、肌肉、骨骼、体腔、脏器等进行检查。

（4）治疗性诊断　根据临床症状，通过治疗效果进行验证诊断，如治疗效果较好，可据此作出诊断。

【治疗】

用药原则：ACEI 可用于高血压和心衰的治疗，主要作用是提高心肌梗死后的存活率以及预防患病动物的心血管疾病。使用 ACEI 前几天应停止利尿治疗，之后如有必要可恢复。服用髓祥利尿药的心衰动物，第一次服用 ACEI 时会普遍出现严重低血压，但若暂时停用利尿药会导致反跳性肺水肿。因此，应以低剂量开始治疗，并进行密切的医学监测。

① 密切观察同时坚持以极小剂量开始治疗。

② 先停用利尿剂 1～2d，以减少患者对肾素-血管紧张素-醛固酮系统（RAS，renin-angiotensin-aldosterone system）的依赖性。首剂给药如果出现症状性低血压，重复给予同样剂量时不一定也会出现症状，只要没有明显的液体潴留现象，可减少利尿剂剂量或放宽盐的限制以减少对 RAS 的依赖性。

③ 肾功能恶化，使用保钾利尿剂补钾。ACEI 应用后 1 周应复查血钾，如血钾≥5.5mmol/L，应停用 ACEI。

④ 停药后咳嗽消失，再用干咳重现，提示 ACEI 是引起咳嗽的原因。咳嗽不严重可以耐受者，应鼓励继续用 ACEI。如持续咳嗽，影响正常生活，可考虑停用 ACEI，并改用血管紧张素 Ⅱ（Ang Ⅱ）受体阻滞剂。

【预防】

① 严格按照剂量使用 ACEI。

② 在使用 ACEI 时要做详细的病史调查，了解之前的用药情况。

③ 严格控制心衰动物的使用剂量。

第三节　苯二氮䓬类药物中毒
（benzodiazepines poisoning）

苯二氮䓬类药物是一种精神类药品，具有镇静、催眠、抗焦虑、抗惊厥、肌肉松弛等作用。兽医临床常用的苯二氮䓬类药物包括地西泮、咪唑安定、硝西泮、三唑仑等。它是苯二氮䓬类受体激动剂，可以减少中枢内某些重要神经元的电信号转导，从而产生抑制中枢神经系统的作用。本类药物一般无害，但是过量用药会诱发共济失调和抑郁等神经症状。

【病因】

苯二氮䓬类药物中毒通常是由于长期用药和一次性过量服药所致。若与酒精或其他镇静催眠药混合服用可产生协同作用，更易导致中毒。其中，猫对该类药物较为敏感，单次过量地接触可能会危及生命。动物发生苯二氮䓬类药物中毒的原因可能包含以下几点：

① 动物用药过量，通常是由于医源性给药不当引起。

② 动物患有某些基础疾病（如有呼吸抑制或呼吸肌无力），即使服用剂量不大，也会引起明显的呼吸抑制作用。

③ 老龄或幼龄动物因肝肾功能衰退或发育不全，导致药物代谢和排泄延缓。

④ 长期大量服用苯二氮䓬类药物的患病动物突然停药或迅速减少用药量时，可发生戒断综合征。

⑤ 猫长期口服地西泮进行行为矫正可能会造成暴发性肝坏死。研究表明，长期对猫使用苯二氮䓬类药物会通过一种尚且未知的机制导致暴发性肝衰竭，该毒性可能与猫肝脏内缺乏葡萄糖醛酸结合酶以及谷胱甘肽酶活性中间体有关。

⑥ 人为投毒。

【发病机理】

苯二氮䓬与苯二氮䓬受体相互作用，可调节 γ-氨基丁酸（GABA）和甘氨酸的活性。中枢神经内 γ-氨基丁酸活性增强可发挥镇静和轻度镇痛的作用，甘氨酸的活性增强则发挥抗焦虑和肌肉松弛的作用。苯二氮䓬受体、γ-氨基丁酸受体及氯离子通道在神经元突触后膜表面组成受体蛋白复合体。苯二氮䓬与其中枢神经系统内特异性受体结合，激发受体蛋白复合体，使中枢抑制性递质 γ-氨基丁酸释放并与 γ-氨基丁酸受体结合，使突触后膜的氯离子通道打开，产生超极化和引起抑制性突触后电位，故达到催眠效果。

另外，在长期大量服用苯二氮䓬类药物时突然停药或迅速减少药量可能发生戒断综合征。其机制在于长期用药能使 GABA 系统产生适应性反应，受体功能下调，骤停药物后 GABA 传递急剧降低而致 GABA 功能不足，进而导致戒断综合征。

总之，大量服用本类药物可引发中枢神经系统、呼吸系统及心血管运动中枢系统过度抑制，出现意识丧失、反射消失、呼吸抑制、血压下降，甚至死亡等症状。因此，苯二氮䓬类药物中毒应及时治疗。

【临床症状】

苯二氮䓬类药物中毒常见的临床表现主要为中枢神经系统抑制、共济失调、意识混乱和视觉障碍等，随着摄入量的增加，还会出现低血压、体温过低、昏迷和贫血等风险。另外，40%～50%的猫和犬还会出现兴奋躁动、脉搏加快、尿少、腿反射消失、瞳孔反射迟钝乃至休克等症状。具体表现为以下几点：

（1）神经系统抑制　表现为焦虑、共济失调、兴奋和有攻击性等。

（2）呼吸系统功能抑制　表现为呼吸减弱。

（3）心血管功能抑制　表现为心动过缓、低血压。

（4）内分泌抑制　表现为体温过低。

（5）肝脏损伤　猫会出现暴发性肝坏死，表现为厌食症、发汗、呕吐、脱水、体温过低、黄疸、肝酶升高、凝血障碍和低血糖。

【诊断】

（1）病史调查　详细了解动物中毒发生的时间、地点及既往病史；了解动物饲料种类，保管、加工情况，分析动物近期是否服过驱虫药、抗生素及苯二氮䓬类药物等；调查动物是否有共济失调、躁动、烦躁等行为。

（2）临床检查　对中毒动物进行全面检查，观察动物瞳孔是否缩小、血压变化，以及是否有消化道症状（呕吐、腹泻、腹痛等）、呼吸道症状（呼吸困难）和神经症状（运动失调、痉挛、抽搐、狂躁、昏迷等）。根据症状结合病史，逐渐缩小可疑毒物的范围，大致推断出中毒的种类，为临床急救提供依据。

（3）化学检测　中毒动物应采集呕吐物、胃洗出物、食物、血液、尿液等进行化验。对于怀疑有急性肝坏死的猫，应进行凝血检查以评估 PT/PTT。

（4）病理诊断　动物肝脏具有明显的小叶状坏死病变。

（5）治疗性诊断　注射苯二氮䓬类药物的特异性拮抗剂——氟马西尼，若注射后马上有反应，即可确诊。

【治疗】

治疗原则是以切断毒源、阻止或延缓机体对毒物的吸收、排出毒物、运用特效解毒药和对症治疗为主。针对苯二氮䓬类药物中毒的治疗刻不容缓，其基础治疗为吸氧、洗胃、补充电解质等，必要时注射氟马西尼。氟马西尼能有效地抑制受体活性，减缓苯二氮䓬类药物中毒对身体造成的损害。

（1）排出毒物　早期催吐或洗胃，使用活性炭吸附和导泻。

（2）补液　加速药物排泄，维持水、电解质平衡。

（3）应用利尿剂　由于苯二氮䓬类药物的血浆蛋白结合率较高，对利尿剂的反应不太敏感，应观察用药效果。

（4）应用中枢兴奋剂　一般不做常规使用，仅在深度昏迷、呼吸浅而慢，发生呼吸衰竭抢救时使用。

（5）应用特效解毒剂　氟马西尼是苯二氮䓬类药物的特异性拮抗剂，可逆转或减轻苯二氮䓬的镇静和肌肉松弛作用，通常在 5min 内起效，但需在中枢抑制严重的情况下选用（氟马西尼 0.01mg/kg 静脉注射生效，必要时重复剂量；如果长时间服用苯二氮䓬类药物，由于氟马西尼的作用时间较短，只有 1～2h，可能需要重复剂量）。

联合用药：纳洛酮是阿片受体拮抗剂，可解除 β-内啡肽对中枢神经系统的抑制作用，迅速解除苯二氮䓬类药物中毒时昏迷状态和呼吸抑制，具有抗休克和促苏醒作用，能显著缩短苯二氮䓬类药物中毒患者的清醒恢复时间。研究显示，与纳洛酮单独治疗相比，纳洛酮与氟马西尼联合治疗具有清醒恢复时间短、见效快、疗效好、安全性高的特点。

（6）检查肝酶　地西泮引起的猫急性肝坏死，存活下来后应 5

～7d 检查一次肝酶，直到肝酶临床表现正常。

【预防】

① 服用苯二氮䓬类药物注意剂量，严格进行药品管理，防止一次大量或长期口服大剂量的本类药物；

② 用药后一旦发现有临床症状出现，立即停止用药，及时送往动物医院处理。

第四节　小动物 β-受体拮抗剂中毒
（beta-blockers poisoning）

β-受体拮抗剂是 Ⅱ 类治疗心律失常药物，临床上主要用于治疗心律失常、原发性震颤、青光眼、焦虑和偏头痛，缓解心绞痛和降低血压。在小动物临床上，主要用于治疗猫的肥厚性阻塞性心肌病和犬的快速型心律失常。由于 β-受体拮抗剂药物的不断开发以及临床上过度使用，越来越多的 β-受体拮抗剂中毒病例随之出现。

【病因】

小动物 β-受体拮抗剂中毒大多是因为对 β-受体拮抗剂的用量不清楚，导致用量过多引起中毒。

【发病机制】

分布于心脏的 β 受体，能够使心肌的收缩力增强、自主性增加、传导速度加快和心率上升。此外，分布于支气管平滑肌、胃肠道、胰腺、肾脏、肝脏、骨骼肌和血管的 β 受体，能够引起支气管平滑肌舒张，缓解支气管哮喘。β-受体拮抗剂能够与 β 受体激动剂竞争 β 受体，对抗交感神经递质和拟肾上腺素药的 β 型作用，使心率减慢、心收缩力减弱、心输出量减少和心肌耗氧量下降。

【临床症状】

临床常见症状为低血压、低血糖、心动过缓、全身抽搐、呼吸困难等，严重者出现昏迷。

【诊断】

（1）病史调查　详细了解动物中毒发生的时间、地点及既往病史，询问是否有β-受体拮抗剂口服史。若对病史以及β-受体拮抗剂口服史不详，应该密切观察患病动物。

（2）临床表现　β-受体拮抗剂中毒最常见的症状是低血压、心动过缓、全身抽搐、癫痫发作、低血糖等。严重者可出现精神沉郁，甚至昏迷，同时伴发支气管痉挛导致的呼吸困难等。

（3）心电图变化　窦性或结性心动过缓；一、二、三度心脏传导阻滞；PR间期、QRS综合波和QT间期延长。

（4）毒物分析　在必要的情况下，可采集胃内液体进行定性分析，采集血液作定量分析，有助于指导治疗。

（5）鉴别诊断　临床上容易与其他药物中毒疾病混淆，包括巴氯芬或阿片类药物中毒、钙通道阻滞剂中毒、可乐定中毒、地高辛中毒等。

【治疗】

本病尚没有特效解毒药，临床以对症治疗为主。

（1）切断毒源、清除毒物　切断毒源，停止饲喂含有β-受体拮抗剂的药品和清洗胃内残留的β-受体拮抗剂。β-受体拮抗剂在摄入1h内即可出现症状，对于症状出现较快的患病动物可口服或者胃管内注入活性炭（1～2g/kg），4～6h后可重复一次。口服枸橼酸镁，阻断肝肠循环，促进肠道残留药物的排泄。

此外，本病不适合用催吐法排出毒物。这是因为呕吐可以刺激迷走神经兴奋，从而加重β-受体拮抗剂引起的心动过缓。服用β-受体拮抗剂的延长或缓释制剂时，可以使用戈利特利进行肠道冲洗以排除毒物。

（2）对症治疗　对于抽搐发作的患病动物，必要时可以使用安定。若患病动物发生呼吸抑制，可适当通气，必要时进行气管插管或者进行正压通气。若发生支气管痉挛，可用肾上腺素和雾化β-受体激动剂吸入治疗。

（3）药物及解毒剂的选择

治疗窦性心动过缓：阿托品 0.02～0.04mg/kg 静脉注射。

控制低血压：10％氯化钙 0.2mL/kg 静脉滴注，可以根据需要重复使用，以维持 1～2mol/L 的电离钙水平。10％的葡萄糖酸钙可以代替氯化钙，但是其仅能提供 10％氯化钙 1/3 的钙量，故应该使用 0.6mL/kg 进行静脉滴注。

增加心肌收缩力：如果犬的血糖浓度小于 100mg/dL 或者猫的血糖浓度小于 200mg/dL 则给予葡萄糖。注射胰岛素：以每小时 2U/kg 的量注射胰岛素；可适当增加胰岛素的量，但每 10min 内，每千克体重的胰岛素注射量增幅不能超过 10U。同时需要仔细监测血糖含量。胰岛素剂量稳定后需要每 30～60min 检查一次血糖浓度。

每小时监测血钾浓度，保持血钾浓度在较低的治疗范围，必要时给予氯化钠。

血管升压药不适合用于治疗 β-受体拮抗剂中毒引起的低血压。

【预防】

① 因 β-受体拮抗剂中毒无特效解毒药，所以要做到预防为主，治疗为辅。

② β-受体拮抗剂在使用前应结合患病动物的病史以及功能条件，剂量遵循从低到高的原则。

③ 在治疗过程中应密切观察，一旦出现副作用，立即停止用药，送往动物医院处理。

第五节　布洛芬中毒

（ibuprofen poisoning）

布洛芬属于解热镇痛类，非甾体抗炎药（nonsteroidal anti-inflammatory drug，NSAID）。该药物通过抑制环氧化酶和减少前列腺素的合成，从而发挥镇痛与抗炎作用，并可通过调节下丘脑体温调节中枢，起到解热作用。在临床上，布洛芬适用于缓解轻到中度的各种疼痛，也可用于缓解感冒导致的发烧、全身酸痛。然而，布洛芬可能会对消化道产生损伤，引起消化不良、胃痛、恶心等消化道症状。犬误食人用型布洛芬等非甾体抗炎药后常常发生急性中毒。布洛芬中毒的动物会产生胃肠道毒性、肝脏毒性和肾脏毒性，大剂量可致死。犬布洛芬中毒后常表现为剧烈呕吐、腹泻、食欲废绝、精神沉郁等症状，还易引起急性肾衰竭。猫对布洛芬更为敏感，中毒剂量仅为犬的一半。

【病因】

布洛芬中毒一般是由于犬、猫误食或是服用过量导致。布洛芬主要通过胃肠道吸收，对胃肠刺激较大，易引起胃肠出血及消化系统紊乱。被机体吸收后，在肝脏和肾脏进行代谢，可造成肝肾功能严重受损。

具体原因可归纳为：

① 误食人用型布洛芬片；

② 过量服用布洛芬；

③ 人为投毒；

④ 接触舔食带药物的物品。

【发病机理】

犬、猫在摄入较大剂量布洛芬后，会直接刺激消化道，导致呕吐、腹痛、腹泻和消化系统功能紊乱。布洛芬经消化道快速吸收，血浆浓度在30min至3h内可达到峰值。此外，布洛芬消除半衰期的平均时间为4.6h，然后随尿液排出。代谢过程中会对肝脏和肾脏造成严重损伤，可诱发急性肝炎、肾病综合征等症状，摄入量过高还会出现抽搐、共济失调、精神沉郁、昏迷等神经症状。

布洛芬被吸收进入机体后，能够抑制环氧化酶活性，进而减少前列腺素的合成，使舒血管性前列腺素合成不足，导致肾内血流量不足，从而引起肾小球滤过率下降，使得肾小管上皮细胞和肾间质细胞受损，引发急性间质性肾炎和急性肾衰。布洛芬中毒大多数是可逆性的，通常在及时的治疗后可恢复正常。

【临床症状】

布洛芬中毒的临床症状主要表现为胃肠道功能紊乱、泌尿系统功能障碍、神经症状等。

（1）胃肠道功能紊乱　布洛芬一般通过口服进入机体，可对胃肠道产生刺激。过量用药可导致胃出血，长期用药可导致胃溃疡、胃穿孔。布洛芬能够抑制环氧化酶的作用，导致胃酸分泌增多，胃黏液分泌减少，进而导致动物出现呕吐、腹泻、腹痛、恶心、厌食等消化道症状。

（2）泌尿系统功能障碍　布洛芬通过抑制环氧化酶使前列腺素合成减少，肾内血流量下降导致肾小球滤过率下降引发急性间质性肾炎，并出现重度肾衰，继发体内离子失衡。临床可见动物少尿或无尿、氮质血症、水和电解质代谢失调、血钾含量增高。

（3）神经症状　当摄入大量布洛芬时，中毒动物会出现一些中枢神经系统症状，包括抽搐、共济失调、精神沉郁、昏迷等症状。

【诊断】

（1）病史调查　询问中毒动物是否有误食布洛芬等药物的行为，或人为饲喂动物布洛芬。

（2）临床检查　检测脉搏、心率、呼吸频率；观察精神状态，食欲，腹部有无疼痛感，有无呕吐、腹泻等现象。同时检查是否存在眼分泌物增多、皮肤黏膜黄染、被毛杂乱、少尿或无尿等症状。

（3）血液学检查　血常规检测红细胞总数和血细胞比容是否出现下降。检查血液中的碱性磷酸酶（ALP）、天冬氨酸转氨酶（AST）、γ-谷氨酰转移酶（GGT）、总胆红素（TBil）含量变化，如大幅度上升，提示肝脏损伤。检查血液中的肌酐（Cr）、尿素（urea）、磷酸盐（phos）含量变化，如大幅度上升，提示肾脏损伤。

（4）传染病检查　检查是否存在其他致病原。

【治疗】

及时去除病因，去除消化道内残留布洛芬，保护胃肠道和肝肾功能，补液维持机体酸碱及电解质平衡。

（1）清除消化道内药物残留　采用催吐法，可选择活性炭，活性炭可在 6～8h 内重复使用，以预防 NSAID 经肝肠循环而被重吸收。

（2）保肝退黄，改善微循环　可用还原型谷胱甘肽 0.2g/kg IV 等。补充营养，保护肝脏，减少磷的摄入，防止肾衰进一步加重。

（3）加大血液灌流，加速肾脏功能代谢，同时改善体内离子状态　纠正高磷、低钙、低氯、低钠的状态，所有静脉输液药品尽量使用 0.9%NaCl 作为离子液输液，同时按照 0.1g/kg 剂量静脉给予葡萄糖酸钙。总输液量控制在 220mL 左右，最初按照 15mL/h 速度输液，输液 5h 后按照 10mL/h 的速度进行静脉输液。24h 不间断输液，全天对排尿量进行测量。

（4）防止继发感染及对症治疗　速诺（阿莫西林克拉维酸钾）注射液 0.3mL，止吐宁（20mL 含柠檬酸马罗匹坦 10mg、间甲酚 3.3mg）注射液 0.3mL，复方甘草酸单铵注射液 2mL，维肝素（100mL 含维生素 B_1 10mg、维生素 B_2 5.5mg、维生素 B_6 4mg、维生素 B_{12} 10mg、烟酰胺 50mg、泛酸钙 3mg、肝提取物 40mg）注射液 0.7mL，奥美拉唑 6mg，雷尼替丁注射液 0.3mL，以上药物皮下注射，1 次/d，连用 4d。

【预防】

① 使用布洛芬药物时，严格遵照专业兽医的处方进行用药，禁止私自饲喂。

② 用药后一旦发现有临床症状出现，立即停止用药，及时送往动物医院处理。

第六节　阿司匹林中毒
（aspirin poisoning）

阿司匹林（aspirin）又称乙酰水杨酸（acetylsalicylic acid），

是一种常用的抑制血小板凝集药物，可抑制血小板环氧合酶（cy-clooxygenase，COX）的活性，减少炎性介质的合成，具有较好的解热镇痛效果，以及消炎和抗风湿作用。阿司匹林在兽医临床上常用于防止动脉血栓栓塞，治疗发热、风湿病、肌肉或关节疼痛、痛风症等轻度疼痛和慢性炎症，但不适用于犬、猫镇痛。

【病因】

阿司匹林主要在胃肠道前段吸收，吸收后呈全身性分布，能进入乳汁和脑脊液，主要在肝脏和肾脏中代谢和排泄。意外吞食阿司匹林或阿司匹林使用剂量过大、重复用药等，可导致阿司匹林中毒。对本品敏感性高的动物更易出现中毒症状，如犬、猫。阿司匹林本身半衰期很短，但生成的水杨酸半衰期长，猫因缺乏葡萄糖苷酸转移酶，故半衰期较长并对本品的蓄积敏感。

【发病机理】

（1）阿司匹林通过抑制环氧合酶活性从而减少前列腺素合成，血液中前列腺素含量降低，可使体温调节中枢的调定点下降，影响机体产热和散热的平衡。

（2）阿司匹林可引起血小板环氧合酶乙酰化，减少血小板产生花生四烯酸，从而抑制血栓素 A2（TXA2）的合成，影响血小板聚集，使血小板的凝血功能减弱，延长出血时间。

（3）阿司匹林在体内分解可以产生水杨酸与水杨酸盐代谢物，抑制体内糖酵解导致乳酸堆积，引起酸中毒。

（4）中毒早期刺激呼吸中枢，能够导致机体代偿性呼吸增强，二氧化碳呼出增多，体内碳酸根离子减少，通气过度，引发呼吸性碱中毒。而呼吸性碱中毒会刺激肾脏分泌碳酸氢盐，降低酸性代谢产物的分解，进一步引起酸中毒。

（5）大剂量使用阿司匹林还可引起贫血、胃黏膜损伤、中毒性肝炎和骨髓红细胞生成抑制。

【临床症状】

服用过量阿司匹林后，动物初期表现为呼吸兴奋，后期出现呼吸抑制；4～6h后出现呕吐、呼吸次数增加、体温升高、脱水、少尿或无尿等，同时可能伴有粪便带血、呕吐带血的情况。此外，还有食欲减退或废绝、肌肉无力、运动失调、精神沉郁，最后昏迷死亡。部分动物可发生血糖升高（偶见血糖下降）、血钾降低、血钠升高；猫产生海因茨小体（Heinz body），会发生不可逆性溶血。

【诊断】

（1）病史调查　了解犬、猫有无接触或服用阿司匹林药物史；

（2）临床检查　检查是否有酸碱平衡紊乱、肾炎和蛋白尿。

（3）实验室诊断　取尿液 1mL（溶于水），酸化后，加 5%～10%三氯化铁溶液 2～3 滴。如果尿液变红，则存在水杨酸盐，即证明存在阿司匹林。

【治疗】

阿司匹林中毒无特效解毒药，须清除消化道内未吸收的阿司匹林。具体方法如下：

（1）催吐　双氧水，口服，1～5mL/kg，最大剂量不超过50mL；吐根糖浆（患心脏病的动物禁用），口服，1～2mL/kg，最大剂量不超过 15mL，20min 后不见呕吐应再服一次，如果连续两次均无效果，应改导泻法；甲苯噻嗪（xylazine），猫专用，肌注，0.44mg/kg。

（2）洗胃　常用温盐水、温开水、浓茶。

（3）吸附　植物类活性炭 2～8g/kg，溶于水喂服，30min 后需导泻。

（4）导泻　常用导泻药品为硫酸钠或硫酸镁，1g/kg。

（5）灌肠　视情况而定，用温热肥皂水灌肠，注意不要使用含六氯酚的肥皂。

（6）纠正酸中毒使尿液变碱性，加快阿司匹林从尿液中排出碳酸氢钠，静脉注射，50mg/kg 体重。

（7）利尿　加快阿司匹林的排出　甘露醇，静脉注射，每小时2g/kg，或使用速尿（又称呋塞米），静脉注射，每 6～8h 5mg/kg。

（8）支持疗法　补液、补充电解质（让患病动物自行饮用补液盐水）、止血剂，对患胃肠道疾病的动物使用黏膜保护剂、强心剂等。

（9）做好保暖措施　保证体温正常。

（10）凝血　连续使用若发生出血倾向，可用维生素 K 治疗。

【预防】

① 严格遵守用量用法，防止过量。

② 对老、弱犬猫采取解热措施时，药物应使用小剂量，以免造成动物缺水、电解质紊乱甚至昏迷休克。

③ 术前应停用阿司匹林（至少两周），以恢复血小板的正常凝血功能，防止术中过度出血。

第七节　α-肾上腺素受体激动剂中毒

（alpha-adrenoreceptor agonist poisoning）

α-肾上腺素受体激动剂是一类拟肾上腺素药，通过兴奋交感神经而发挥作用，可分为 $α_1$ 受体激动剂和 $α_2$ 受体激动剂。$α_1$ 受体激动剂主要包括去甲肾上腺素（norepinephrine）、间羟胺（metaraminol）、甲氧明（methoxamine）等，主要激活 $α_1$ 受体，对 β-受体的亲和力较弱，是强效升压药。在兽医临床上除了用于抢救休克或急性低血压患病动物，还可用于局部消化道止血。$α_2$ 受体激动剂主要包括可乐定（clonidine）、赛拉嗪（xylazine）、地托咪定（detomidine）、美托咪定（medetomidine）等，可激活中枢神经系统中的 $α_2$ 受体，是一类强效镇静、催眠，兼有镇痛、肌肉松弛和局麻作用的中枢抑制药，兽医临床上常用于化学保定和缓解疼痛。α-肾上腺素受体激动剂滥用和超量使用可引起中毒反应，临床主要表现为神经症状和心血管症状。

【病因】

α-肾上腺素受体激动剂在兽医临床上常用作药物或麻醉剂，口服吸收好，肌内注射给药吸收快，静脉注射给药起效快。但是，如使用方法不当、用量过大，可造成动物中毒，最常见原因是医源性用药不当，具体原因有以下几个方面：

① 过量用药；

② 用药间隔时间过短；

③ 药物浓度过高或静脉注射速度过快；

④ 没有对疾病做出正确诊断就用药物治疗；

⑤ 偶见于因药物保管不当而使宠物大量摄入而引起中毒。

【发病机理】

α-肾上腺素受体激动剂能够激动 $α_2$ 受体与 $α_1$ 受体，产生不同的药理作用。

（1）刺激 $α_2$ 受体　抑制交感神经活动，通过负反馈机制抑制去甲肾上腺素释放，增加全身血管阻力，减慢心率，使心输出量下降。过量使用会导致中枢神经系统抑制，出现心动过缓、肌肉松弛。血压最初以剂量依赖性方式升高，随着时间推移，$α_2$ 受体激动剂的外周作用消退，血压降低至正常水平，因此血压先高后低。此外，此类药物还可激活胰岛素 β 细胞上的 $α_2$ 受体，抑制胰岛素释放，以及作用于抗利尿激素，使得肾小管重吸收活动减弱，导致多尿。

（2）刺激 $α_1$ 受体　使血管收缩，引起广泛的血管痉挛和血管持续强烈收缩，影响组织血液循环，损伤组织器官，加重休克程度。此外，$α_1$ 受体受到刺激还可使肾小球入球小动脉收缩，进而引起肾小球毛细血管中血流量减少，滤过率减少，最终导致尿量减少。

【临床症状】

临床症状出现迅速，$α_2$ 受体激动剂中毒与 $α_1$ 受体激动剂中毒临床症状存在差异。

（1）$α_2$ 受体激动剂中毒　对神经中枢产生抑制作用，同时对心血管系统、呼吸系统、神经系统造成不同程度的损伤。神经系统表现为困倦、嗜睡、共济失调、瞳孔散大等症状，严重的甚至呈昏迷状态。心血管系统早期表现为窦性心动过缓，血压先升高后降低，心输出量减少，心内传导减慢。呼吸系统表现为呼吸抑制，动脉氧分压显著降低，可见口鼻苍白、结膜发绀，严重时出现呼吸衰竭症状。其中以中枢神经系统症状及血压先高后低为主。此外，还可能出现呕吐、体温下降、低血糖、多尿等症状。

（2）α_1受体激动剂中毒　可加大心血管系统的兴奋效应，加强心脏活动，主要表现为心悸、心律失常、血压急剧上升，引起呼吸困难、眩晕、瞳孔散大等症状，中毒动物最终可能会因心力衰竭而死。中毒动物还可能出现急性肾衰竭，表现为少尿或无尿。

【诊断】

（1）病史调查　详细了解动物中毒发生时间、地点以及既往病史，了解动物近期是否使用过拟肾上腺素药，其使用剂量及给药方式是否得当，以及药物是否保管得当，分析动物有无误食的可能。因动物大多由医源性用药不当而导致中毒，所以调查详细病史对诊断有重要意义。

（2）临床检查　对中毒动物进行全面检查，观察动物是否表现神经系统症状、心血管系统症状、呼吸系统症状。结合病史，根据出现心悸亢进、心律失常或是血压先高后低、神经抑制、窦性心动过缓等典型症状，即可做出初步诊断，为临床急救提供依据。

（3）实验室检验　采集中毒动物的血液、尿液进行化验。检测血液、尿液中的药物浓度及有无药物代谢物等。检测到高浓度 α 受体激动剂，结合病史即可确诊。

（4）治疗性诊断　根据临床症状，直接用解毒剂治疗，通过治疗效果进行验证诊断，如治疗效果较好，可据此作出诊断。

【治疗】

治疗原则是切断毒源、阻止或延缓机体对毒物的吸收、排出毒物、使用特效解毒剂和对症治疗。

（1）切断毒源　首先应切断中毒源，停止毒物的继续摄入或接触，出现中毒症状立即停药，注射过量时应立即于注射部位上方暂时结扎止血带，以延缓药物吸收。

（2）特效解毒剂　所有 α-肾上腺素受体激动剂中毒都可以通过 α-肾上腺素受体拮抗剂快速解毒。常用的 α-肾上腺素受体拮抗剂有阿替美唑（atipamezole）、育亨宾（yohimbine）、妥拉唑林（tolazoline）。其中阿替美唑不仅可以消除神经系统作用，还可以消除心血管副作用，可用于治疗中毒后出现的心动过缓症状，但可能会导致心率急剧上升，因此禁止与抗胆碱药同时使用。α 受体拮抗剂所需剂量的计算应始终基于激动剂的给药量和给药后的持续时间，剂量最好不足，防止 α-肾上腺素受体拮抗剂中毒。阿替美唑剂量通常与地托咪定相同，育亨宾剂量为犬静脉注射 0.1mg/kg，妥拉唑林剂量为犬静脉注射 4mg/kg。

（3）对症治疗　患病动物的恢复主要依靠对症支持治疗，包括快速静脉补液、氧气吸入、气管插管、机械通气、密切监测等。对于严重心动过缓及低血压症状，如经补液治疗后症状无明显缓解，应及时使用阿托品等抗胆碱药。如呼吸抑制症状较严重，出现呼吸衰竭时，则应及时进行气管插管配合呼吸机辅助呼吸。此外，导泻、利尿，可造成大量电解质丢失，治疗中还应注意维持电解质及酸碱平衡。

【预防】

① 遵循兽医师开出的处方进行用药，切勿过量用药。

② 避免短时间内多次用药以及过量用药。

③ 出现临床症状时及时送往动物医院进行诊治，正确应用药物治疗。

第八节　伊维菌素中毒

（ivermectin poisoning）

伊维菌素是阿维菌素发酵选择性加氢衍生物，也是一种半合成大环内酯类多组分抗生素，因其具有高效、广谱且毒副作用小的特点而被广泛应用于动物体内外寄生虫病的临床治疗和预防。然而，临床用药量过大或短时间内重复用药可造成伊维菌素中毒，且无特效解救药物。临床上中毒的大多为犬，常在使用伊维菌素 5～10d 后出现中毒症状。初期症状为患病犬精神沉郁、嗜睡、厌食、流涎等。随着病程的发展，患犬后期不能站立、呼吸急促、昏睡、意识障碍、四肢发凉、肛门松弛、小便失禁、体温下降，最后因神经中枢衰竭而死亡。

【病因】

伊维菌素中毒具体原因可归纳为：

① 动物伊维菌素用量过大或用药间隔时间过短。

② 伊维菌素注射液是皮下注射，若采用肌内注射、静脉注射则易引起中毒。

③ 伊维菌素中毒与动物品种和年龄有关，有些品种的犬对其异常敏感，小剂量使用即可引起中毒，甚至死亡。

【发病机理】

伊维菌素是一种神经毒剂，与线虫和节肢动物的神经细胞与肌肉细胞中以谷氨酸为阀门的氯离子具有高亲和力，其机理是通过增强细胞膜对氯离子的通透性，增加虫体神经系统突触小体释放递质 γ-氨基丁酸（GABA）。GABA 能作用于突触前神经末梢，引起神经细胞或肌肉细胞的超极化，减少兴奋性神经递质的释放，阻断神经信号传递，使肌细胞失去收缩能力，从而导致虫体神经系统麻痹而死亡。因此，伊维菌素对体内外寄生虫（特别是某些线虫类）和节肢动物类具有良好的驱杀作用，但吸虫和绦虫及原生动物不利用 GABA 作为周围神经递质，因此伊维菌素对其无效。

哺乳动物的外周神经递质为乙酰胆碱，中枢神经系统传导介质是 GABA。由于血脑屏障的阻遏作用，伊维菌素对哺乳动物神经功能造成损伤的浓度远高于正常驱虫浓度，故小剂量的伊维菌素对哺乳动物无明显毒性。而在高浓度时，伊维菌素可作为 GABA 受体激动剂，引发大脑突触后神经元释放 GABA，引起细胞膜对氯离子通透性增加，导致中枢神经系统及神经-肌肉传导受阻，从而引发中毒。按 WHO 五级分类标准，伊维菌素属于高毒化合物，中毒主要表现的临床症状是瞳孔散大、精神沉郁、共济失调、瘫卧在地，最后导致死亡。且当前无特效解毒药，只能对症治疗。在实验室的急性毒性实验中，动物一般在给药后 24～72h 内死亡，剖检心、肝、肺、脾、肾等重要脏器肉眼未见明显异常，分析死亡原因可能是药物作用于中枢神经系统所致。

【临床症状】

（1）猫的伊维菌素中毒　患猫可见精神萎靡、共济失调、走路摇晃、四肢僵硬、行动不便、食欲废绝、肛门松弛、排便困难、瞳孔散大等。猫中毒还表现出神经症状，轻者中枢神经受到抑制，重者中枢神经兴奋。因中毒程度不同，病猫可出现运动麻痹或共济失调等症状。慢性病例较多见，常表现为精神沉郁、食欲废绝、舌头发绀、流涎、呕吐、肠管痉挛、腹痛、排带血丝的稀便，出现意识障碍、转圈、盲目行走，最后瘫卧在地甚至昏迷，呼吸、心率减慢，直至死亡。

（2）犬的伊维菌素中毒　一般慢性病例比较多见，通常在用药后 1～3d 后才出现反应。中毒犬初期表现为呻吟、流涎、步态蹒跚，继而出现全身震颤性痉挛，头后仰，脖颈与四肢痉挛，舌头麻痹并伸出口外，舌面干裂，眼球完全被第三眼睑覆盖。后期动物意识障碍，呼吸快而浅表，心音弱且心率缓慢，体温及血压下降，四肢及耳端变冷，瘫卧在地，昏迷，呼吸、心率减慢，体温下降，四肢及耳变冷，瞳孔散大，弱视或失明。2～5d 内于昏迷、抽搐中死亡。

急性病例多在用药后 6～8h 发病，最快在注射后 2h 出现症状。临床上常表现为嚎叫，不自主咀嚼，流涎，口吐白沫，头皮、眼睑、咬肌有规律震颤和惊厥。同时伴有步态蹒跚，倒卧后不能站立，四肢划动呈游泳状，舌头麻痹，伸出口外，心跳、呼吸加快，脉搏快而弱。后期出现抽搐，痉挛，哼叫，昏迷，大小便失禁，腹泻，听觉、痛觉、关节反射及肠蠕动音消失，最后衰竭而死。

【诊断】

（1）病史调查　详细了解动物中毒发生的时间、地点及既往病史。了解患病动物近期是否使用过伊维菌素或阿维菌素，依据使用剂量及使用的间隔时间等，结合其出现的神经症状可做出初步诊断。注射后一般 24～36h 发病，最快 6～10h 发病。

（2）临床检查　对中毒动物进行全面检查，常规的基本诊断包括完整的血球计数、生化分析和尿液分析，不过这些测试结果一般都在正常范围内。血气分析异常可能与呼吸抑制有关，患病犬的呼吸较浅，而且呼吸速率很慢。确诊还需检测中毒动物血液、胃内容物及组织中的伊维菌素含量。

（3）病理变化　心肌充血、出血，十二指肠黏膜出血，膀胱出血，脑膜充血、出血，脑积液，其他脏器无肉眼可见变化。

（4）治疗性诊断　根据临床症状，通过治疗效果进行验证诊断，如治疗效果较好，可据此作出诊断。

【治疗】

患病动物可采取以下措施进行治疗：

① 肌内注射强尔心、尼可刹米、速尿；

② 5％葡萄糖生理盐水、50％葡萄糖液、维生素 C、ATP、辅酶 A、肌苷、复合维生素 B 等配合静脉滴注，以加快毒物的排出和降低颅内压、颅内水肿，防止抽搐；

③ 肌内注射强力解毒敏，1 次/d；

④ 经常清理口鼻，调整病犬卧姿，保持呼吸畅通。

【预防】

① 使用含有伊维菌素的产品时，严格遵照专业兽医的处方进行用药。

② 如果动物对此药高度敏感，在用药前，须做伊维菌素敏感性测试。

③ 用药后一旦出现临床症状，应立即停止用药，及时送往动物医院处理。

第九节 阿苯达唑中毒
（albendazole poisoning）

阿苯达唑是一种高效低毒的广谱驱虫药，属苯并咪唑类，可阻断虫体对多种营养和葡萄糖的摄取，致使虫体糖原耗竭，寄生虫无法生存和繁殖，从而将肠道内的虫卵完全杀灭。阿苯达唑对寄生于动物体的线虫、血吸虫、绦虫以及囊尾蚴具有明显的驱除作用，在临床上常用于驱除蛔虫、蛲虫、钩虫和鞭虫等。由于该药物具有副作用少、毒性低、耐受性强、广谱高效、安全方便、价格便宜等优点，目前已经成为主要的驱虫药物之一。但其不合理的使用，同样会引起中毒。

【病因】

临床上犬、猫阿苯达唑中毒的病例时有发生，尤其在农村地区更为常见，主要原因是宠主未经兽医指导给动物服用大量该药所致。

【发病机理】

阿苯达唑不溶于水，微溶于有机溶剂，故在肠道内吸收缓慢，剂量过高时可引起神经和消化道症状。

【临床症状】

动物表现为鼻镜干燥、四肢瘫软、精神沉郁、口吐少量白沫。具体症状如下：

（1）消化系统症状　肝脏损害和肝酶升高，临床表现为恶心、呕吐、腹痛、腹泻、肝区不适等，多数可在数小时至 2d 内自行消失。

（2）神经系统症状　共济失调、发热、癫痫、视力模糊和颅内压升高。

（3）其他症状：过敏性疾病，偶见脱髓鞘疾病。

（4）致畸作用、胚胎毒性等。

【诊断】

（1）病史调查　详细了解犬、猫中毒发生的时间和地点、发病数量、死亡数量及既往病史，了解近期犬、猫是否服用过阿苯达唑驱虫药，剂量是否得当，服药时长等。

（2）临床检查　对中毒犬、猫进行全面检查，根据收集的临床症状，结合病史，逐渐缩小可疑毒物的范围，大致推断出中毒的种类，为临床急救提供依据。

（3）毒物检测　采集中毒动物的呕吐物、胃洗出物等进行化验。

（4）实验室诊断　主要检查谷氨酰氨基转移酶和天冬氨酸转氨酶的含量。

（5）治疗性诊断　根据临床症状，通过治疗效果进行验证诊断，如治疗效果良好，可据此作出诊断。

【治疗】

治疗原则：解毒促排、保护肝脏、营养神经、降低颅内压（以40kg犬为例）。

（1）应用糖皮质激素　轻症给予泼尼松醋酸酯（醋酸强的松）片，每日30～50mg，口服；重症给予地塞米松磷酸钠20mg，加5%或10%葡萄糖注射液500mL，静脉滴注。

（2）应用脱水剂　可给予20%甘露醇注射液或甘油果糖注射液静脉滴注，也可用5%葡萄糖注射液静脉滴注以减轻脑水肿，降低颅内压。

（3）给予促进脑神经细胞功能恢复的药物　如三磷酸腺苷二钠、辅酶A、多种维生素等。

（4）支持疗法　及时纠正水和电解质平衡，吸氧保持呼吸道畅通，加强护理，注意观察血压、心率、瞳孔和呼吸变化。

【预防】

① 需在专业兽医的指导下进行购买和使用，遵守兽医处方剂量，不得随意用药。

② 早发现早救治，不要拖延，以免延误病情。

第十节　米尔贝肟中毒
（milbemycin oxime poisoning）

米尔贝肟，又称美贝霉素肟，是一种大环内酯类化合物，兽医临床上常与吡喹酮制成合剂用于犬、猫的体内外杀虫剂。米尔贝肟中毒一般是由于用药不当所致。当前市面上米尔贝肟药常用的用药方式为口服，名为"海乐妙"的米尔贝肟吡喹酮片。此药多用于犬、猫的驱虫治疗，但幼龄动物对此药剂量较为敏感。

【病因】

目前，临床上米尔贝肟中毒的病例较少，且基本都是通过口服进入机体。具体的原因可能有：

① 饲主自行购买使用时给药剂量不当；

② 动物自主玩耍时啃咬药盒或吃下药品；

③ 医疗使用时发生配伍不当等事故；

④ 人为投毒残害小动物；

⑤ 使用药品时动物未达到要求的年龄。

【发病机理】

米尔贝肟属于阿维菌素类药物，其作用于寄生虫时，主要通过两条途径来增强寄生虫神经膜对氯离子的通透性。一是通过激发 γ-氨基丁酸（GABA）的离子通道，影响虫体的神经传导进而发挥其药效。当 GABA 控制通道打开时，负离子（主要是氯离子）流入细胞内，使细胞膜难以去极化，最终使虫体麻痹而死亡。二是引起由谷氨酸控制的氯离子通道开放。

哺乳动物的外周神经递质为乙酰胆碱，GABA 分布于中枢神经系统，而中枢神经系统有血脑屏障的保护，同时哺乳动物也没有由谷氨酸控制的氯离子通道。当米尔贝肟的药物浓度足以透过血脑屏障到达大脑时，便能作用于哺乳动物的 GABA 离子通道，使哺乳动物中毒。此外，米尔贝肟的脂溶性很强，可吸收性高，其药动学特征为广泛分布于机体全身各组织和体液中，在肝脏和脂肪中富集并缓慢释放。而由于药物在肝脏处富集的特性，米尔贝肟中毒时会出现肝脏损伤的相关症状。

【临床症状】

米尔贝肟中毒的临床症状为食欲废绝、精神沉郁、流涎、呕吐、腹泻、黄疸等，内窥镜检查可见胃肠道出血。此外，动物还可能表现出呼吸急促、精神萎靡等症状。

【诊断】

（1）病史调查 向饲主询问动物种属、年龄等基本信息以及中毒发生的时间、地点，既往病史，有无驱虫药使用史。

（2）临床检查 测量体温、脉搏等基本生命体征，观察患病动物的精神状况，可做内窥镜检查观察消化道情况。

（3）实验室检查 血常规、血液生化指标检查，了解患病动物的血液及肝功能情况。

（4）排除性检查 由于米尔贝肟中毒具有消化道症状，所以有必要排除传染病感染、消化道炎症、胃肠道异物等同样可能导致消化道症状的疾病。

【治疗】

阿维菌素类药物中毒均无特效解毒剂，一般治疗原则是排出胃肠道内可能残留的毒物、对症治疗和支持疗法。

首日：①5％葡萄糖 100mL＋ATP 2mL＋肌苷 2mL＋辅酶 A 50IU，静脉滴注；②5％葡萄糖 100mL＋维生素 C 0.5g，静脉滴注；③5％葡萄糖 100mL＋安络血 5mL，静脉滴注；④5％葡萄糖 100mL＋酚磺乙胺 2mL＋维生素 K_1 1mL，静脉滴注；⑤5％葡萄糖 100mL＋氨甲苯酸 20mL，静脉滴注；⑥5％葡萄糖 200mL＋茵栀黄 20mL，静脉滴注；⑦5％葡萄糖 100mL＋阿托品 2mL，静脉滴注；⑧复方甘草酸铵 2mL，皮下注射；⑨柴胡 4mL，皮下注射；⑩安痛定 1mL，皮下注射。

次日：若体温恢复正常可去掉柴胡和安痛定，其他药物相同，后续基本药物不变，连续用药 10d。

【预防】

① 用药前进行病史调查，结合动物的综合条件进行用药。

② 将药物放在动物无法直接接触的地方，避免误食。

③ 出现副作用时立即停止用药，送往动物医院进行治疗。

第十一节　左旋咪唑中毒
（levamisole poisoning）

左旋咪唑是一种兽医临床上常用的广谱、高效、低毒的驱线虫药。该药对多种动物的胃肠道线虫和肺线虫成虫及幼虫均有良好的驱虫效果。当左旋咪唑作用于虫体时，能使其神经肌肉去极化，致使其肌肉发生持续性收缩而麻痹死亡，从而达到驱虫效果。但左旋咪唑也存在毒蕈碱样和烟碱样双重作用，因此使用不当极易造成中毒。临床上左旋咪唑对犬的蛔虫驱虫率超过 95%，并对犬的心丝虫微丝蚴和猫的肺线虫感染也有不错的疗效。然而，过量使用左旋咪唑会引起动物中毒。此外，即使在正常药量使用范围内，由于个体差异，也有可能导致一些动物中毒。

【病因】

① 误食含有过量左旋咪唑的食物（包括被毒死的畜禽、水产品等）；

② 误服与左旋咪唑药性相冲的药物如有机磷化物、四氯乙烯等；

③ 长期服用左旋咪唑导致的慢性中毒；

④ 人为投毒。

【发病机理】

左旋咪唑口服、肌内注射或皮下注射均吸收迅速和完全，消除半衰期快，用药后 12～24h 组织中药物的残留量为用药量的 0.9%，7d 后组织中已不能检出。进入机体后对宿主发挥烟碱样神经节兴奋剂的作用，使神经细胞膜去极化。在胆碱能受体部位具有烟碱样和毒蕈碱样效应，首先起刺激作用，然后使神经节和骨骼肌传递阻断，其临床症状与有机磷中毒极为相似。

【临床症状】

左旋咪唑中毒的犬、猫主要表现为 M-胆碱样效应，症状为流涎、胃肠蠕动加强、支气管平滑肌收缩、呼吸困难、心率减慢、瞳孔缩小、肌肉震颤、血压先升后降、呼吸麻痹等。

（1）毒蕈碱样症状 与 M 受体相联系的毒蕈碱样症状是副交感神经末梢过度兴奋，导致腺体分泌亢进的结果。临床表现有恶心、呕吐、腹痛、流泪、多汗、流涎、腹泻、肌肉痉挛、大小便失禁等。另外，瞳孔缩小、心律不齐都属于毒蕈碱样症状。部分犬、猫还会出现水肿和短暂性失明等症状。

（2）烟碱样症状 与 N 受体相联系的烟碱样症状是由于乙酰胆碱在骨骼肌和横纹肌神经肌肉接头内的过度蓄积，从而导致眼睑、舌、四肢、全身横纹肌发生纤维样的颤动，甚至全身肌肉出现强直性痉挛。

（3）中枢神经系统症状 中枢神经系统受乙酰胆碱刺激出现头晕、疲乏、昏迷、躁动等症状。

（4）其他症状 过敏性皮炎、并发性心脏病、迟发性精神病等。

【诊断】

（1）病史调查 详细了解犬、猫中毒病发的时间和地点、年龄、性别、品种、是否怀孕、发病和死亡数量。了解饲料使用情况，特别是病发前最后一次食用的饲料，是否存在发霉、变质。了解犬、猫是否食用过左旋咪唑中毒的肉类。了解近期犬、猫有无服用过抗生素、驱虫药等药物，服用时间、剂量是否恰当。

（2）临床检查 对动物进行视诊、叩诊、触诊、听诊等全面的检查。根据临床症状，结合收集到的病史调查，逐步缩小范围，确定病因，找出适当的急救方法。

（3）解剖检查　首先进行体表检查，注意被毛和口腔黏膜的色泽，然后对皮下脂肪、肌肉、骨骼、体腔、脏器等进行检查。因动物大多是经消化道摄入毒物而中毒，所以检查消化道内容物的色泽、性状等对诊断有重要意义。若为左旋咪唑中毒，解剖中毒动物可观察到肠道黏膜损伤严重，胃黏膜和肠黏膜出现充血、脱落、出血等病变。此外，中毒动物肝脏表面呈灰白色，肝脏组织变性；心内外膜出现充血或散状出血点；肾脏组织充血、肿大，肾脏表面存在针尖大小的出血点或黏膜脱落、出血。

【治疗】

治疗原则切断毒源、阻止或延缓机体对毒物的吸收、排出毒物和对症治疗为主。首先暂停所有左旋咪唑药物，远离毒源。提供易于消化且营养丰富的食物。未超过 2h 的可用催吐剂催吐或洗胃，同时配合吸附剂促进毒物的排出。

（1）除去尚未吸收的药物　给中毒犬、猫进行饮水催吐，去宠物医院洗胃，采用缓泻剂促进毒物排出并服用吸附剂除去尚未吸收的毒物。可选用 0.2% 安钠咖 10mL，1 次皮下注射，每隔 5h 用药1 次；此外，可注射阿托品进行治疗。

（2）特效解毒药　抗胆碱药（阻断 M 胆碱受体）。阿托品的解毒机制主要是：①阻断毒蕈碱受体，迅速减轻或消除毒蕈碱样症状；②兴奋中枢神经系统，改善呼吸功能，回升体温，解除心血管痉挛等，并有助于昏迷动物苏醒。早期快速阿托品化、持续用药，是合理应用阿托品的基本原则，掌握好首次使用剂量及重复给药的剂量、时间，则是合理用药的关键。当动物出现阿托品化时，应该逐渐减少或停止使用阿托品。需要注意的是，减量过快或停药过早，容易引起反跳现象的发生，即中毒症状已经消失，但出院后病情反弹甚至恶化死亡。

（3）辅助治疗　肌内注射维生素 C 和维生素 B_1 等，促使毒物排出，提高肝脏解毒功能。出现呼吸衰竭时，将动物移置于通风处。给予抗生素、镇静剂、强心剂、呼吸兴奋剂等。

【预防】

① 遵循兽医师开出的处方进行用药，切勿过量用药。

② 避免短时间内多次大量用药。

③ 在有中毒症状时及时送往动物医院进行诊断，正确应用药物治疗。

第十二节　安乃近中毒

（analginum poisoning）

安乃近为吡唑酮类药物，属于解热镇痛及非甾体抗炎镇痛药，是氨基比林和亚硫酸钠相结合的化合物。安乃近主要作用于体温调节中枢，可使皮肤血管扩张、血流加速，散热加速进而降低体温，适用于急性和慢性疼痛以及各种原因引起的发热。然而，由于易引发不良反应，安乃近并不作为小动物解热镇痛的首选药物。

【病因】

安乃近中毒主要是由于犬、猫食入过量安乃近。安乃近可在肝脏中代谢形成 4-氨基-安替比林，具有较高的亲脂性。同时，该药及其代谢物的消除主要发生在肾脏，抑制前列腺素合成引起急性血流动力学变化，从而引起毒性作用。

【发病机理】

安乃近是一种前药，在胃中被胃酸转化为 4-甲氨基安替比林（4-methylaminoantipyrine，4-MAA），后者通过肝脏代谢为 4-甲酰基-氨基-安替比林，并通过肝脏去甲基化为活性 4-氨基-安替比林（4-Amino-antipyrine，4-AA）。安乃近及其主要代谢产物能够通过对不同环氧合酶的抑制作用，改变花生四烯酸的代谢以及抑制前列腺素的合成。

【临床症状】

犬在过量食用安乃近后会出现不同程度的晕厥、口唇震颤、咬牙空嚼、兴奋、眼球突出、惊厥；触摸犬有攻击倾向，虚脱倒地后四肢关节僵硬、腹部挛缩、腹式呼吸明显、呕吐、排血尿、重度贫血、低体温、脉搏数增加。其余症状如下：

（1）血液方面　临床表现为粒细胞缺乏症，亦可引起自身免疫性溶血性贫血、血小板减少性紫癜、再生障碍性贫血等。

（2）皮肤方面　可引起荨麻疹、渗出性红斑等过敏性反应，严重者可发生剥脱性皮炎、表皮松解症等。

（3）其他方面　注射给药偶见虚脱症状。

【诊断】

（1）病史调查　详细了解犬猫中毒发病的时间和地点、年龄、性别、品种等情况，并了解摄入安乃近的剂量。

（2）临床检查

① 对动物进行全面的检查，视诊、叩诊、触诊、听诊等，同时配合实验室检查。

② 血常规：虚脱及贫血病例血常规检验白细胞数量减少，红细胞数量减少，血细胞比容降低，血红蛋白低，血小板数量减少。

③ 尿常规：尿液比重增高约 0.015～0.03，使用利尿剂后，尿比重略下降或正常，尿蛋白 3＋，尿潜血阳性。

④ 生化指标：尿素氮水平明显增高，肌酐水平轻微增高或基本正常，血清磷水平轻微增高。ALT、AST、ALP 和 GGT 升高，轻度过敏性中毒的犬只有 ALP 和 GGT 无明显变化。在明显溶血的中毒犬中可见总胆红素、直接胆红素、间接胆红素升高。

⑤ 血涂片：溶血病例血涂片中可见偏大的红细胞、网织红细胞、破碎红细胞、异形红细胞等。

【治疗】

本病尚没有特效解毒药，只能对症治疗，加快毒物排泄。

① 及时补液，建立静脉通路，纠正电解质紊乱和体液失衡。

② 24h 供水利尿，促进毒物排泄。

③ 犬见血红蛋白尿等溶血特征，需静脉滴注 5％碳酸氢钠液。为保护肾脏，可用普鲁卡因进行双侧肾区封闭，红外线灯或理疗仪

照射腰部，促进血红蛋白排出。

④ 严重衰竭、角弓反张及溶血性贫血的病例，需进行输血、解痉、扩容、保肝、利尿、纠正水电解质紊乱、碱化尿液等对症支持处理。

⑤ 给予低流量吸氧，心电监护观察血氧饱和度的变化。

⑥ 注意犬恢复期间皮肤的黄疸问题，防止黄疸引起瘙痒后，犬抓挠造成的皮肤破损感染。

【预防】

① 生活中防止犬、猫误食安乃近。

② 以兽医师开出的剂量为准，严格按照处方用药，切勿自行大量用药。

③ 出现中毒反应后，立即送往医院进行对症治疗。

第十三节　抗惊厥药中毒
（anticonvulsant poisoning）

抗惊厥药主要用于治疗动物的震颤和癫痫症，不同的抗惊厥药有不同毒副作用。惊厥是各种原因引起的中枢神经过度兴奋，表现为全身骨骼肌不自主的强烈收缩。震颤被定义为不自主的、有节奏的身体一部分振荡运动。治疗动物癫痫发作的抗惊厥药有很多。地西泮常在紧急发作下使用，苯巴比妥钠和溴化钾最常用，扑米酮和苯妥英现在使用较少。然而，这些药物的不合理使用可能会引起动物中毒。

【病因】

抗惊厥药作为治疗犬、猫震颤和癫痫症的药物，但若使用方法不当或用量过大都可造成犬、猫中毒。具体原因可归纳为：

① 在治疗动物癫痫时，药物剂量过大、用药时间过长；

② 长期使用抗惊厥药使毒性沉淀导致的慢性中毒；

③ 服用过期或者伪劣的药物；

④ 误食含有过量抗惊厥药的食物；

⑤ 人为投毒。

1. 苯巴比妥（phenobarbital， luminal，鲁米那）

【发病机理】

苯巴比妥，属于长效巴比妥类镇静催眠药，具有抗焦虑、镇静、催眠、抗惊厥、抗癫痫及中枢性肌肉松弛作用。苯巴比妥最常见的用药途径是口服和静脉注射。苯巴比妥主要通过肝微粒体酶代谢，当剂量超过 $35\mu g/mL$，有肝毒性风险。由于巴比妥类药物在肝脏代谢，对肝脏中细胞色素 P450 有诱导作用，因此不宜用作肝细胞色素 P450 活力检测及相关代谢、肝病模型研究。

【临床症状】

镇静、共济失调、多尿、多饮、多食、眼球震颤、烦躁不安或过度兴奋。猫比较敏感，容易呼吸抑制。犬偶见抑郁、躁动不安综合征以及运动失调。

【诊断】

（1）病史调查　详细了解犬猫中毒病发的时间和地点、年龄、性别、品种等情况，掌握摄入苯巴比妥的剂量。

（2）血液学检查　相应的临床症状结合血清苯巴比妥浓度超过正常范围（即大于 $35\mu g/mL$）即可确诊。

【治疗】

（1）促进毒物排出　口服中毒的初期，可用 1∶2000 的高锰酸钾洗胃，再以硫酸钠（忌用硫酸镁）致泻以减少消化道内吸收。同时，使用碳酸氢钠碱化尿液以加速毒物排泄。

（2）对症处理　如低血压、心律失常、呼吸衰竭等，应保持气道通畅、吸氧，注意水、电解质、酸碱平衡，积极防治脑水肿、吸入性肺炎等。

（3）给予中枢兴奋药　中毒时可用安钠咖、戊四氮、尼可刹米等中枢兴奋药解救。

（4）活性炭可增加药物的排泄　如果肝功能衰竭伴随苯巴比妥

中毒，应采用肝病的治疗。苯巴比妥中毒的预后因临床症状的严重程度不同而不同。

2. 地西泮（diazepam，安定）

【发病机理】

地西泮即安定，属于苯二氮䓬类药物，是一种镇静催眠药。由于半衰期短（2～4h）和耐受性强，地西泮仅可用于犬癫痫发作的应急治疗。给药方式可以静脉注射，鼻内、直肠给药。根据需要，可以重复控制癫痫发作。地西泮主要是通过肝脏代谢，并能够抑制肝微粒体酶活性。

【临床症状】

急性中毒症状为镇静、嗜睡、萎靡不振，严重可出现肝功能衰竭、木僵、昏迷和死亡。

【诊断】

（1）病史调查　详细了解犬猫中毒病发的时间和地点、年龄、性别、品种等情况，并了解服用地西泮的剂量。

（2）临床检查　对动物进行全面的检查，视诊、叩诊、触诊、听诊等，同时配合实验室检查。

【治疗】

（1）催吐，促进药物排出　做好气道保护的前提下尽快洗胃，以减少毒物吸收。此外，静脉补液以及使用利尿剂可促进药物排出。

（2）使用地西泮中毒特效拮抗剂氟马西尼　氟马西尼是苯二氮䓬类药物的拮抗剂，能够抑制苯二氮䓬类药物的吸收并逆转地西泮对中枢的镇静作用，对于改善患病动物的意识障碍、呼吸抑制均有明显效果。另外，还可使用纳洛酮等药物进行治疗，必要时给予血液灌流，促进药物排出。如果出现呼吸抑制可进行气管插管，呼吸机辅助呼吸等措施。

【预防】

防止健康动物接触到此类药物，同时患病动物用药需在医生指导下进行。

第十四节　对乙酰氨基酚中毒

（acetaminophen poisoning）

对乙酰氨基酚又名扑热息痛，是一种人用感冒药，有解热、镇痛与抗炎作用，其镇痛和抗炎作用较弱，解热作用类似于阿司匹林，口服给药吸收快、退热效果好。对于犬、猫而言，对乙酰氨基酚不但不能起到治疗作用，而且还会引发中毒或者死亡。犬、猫对对乙酰氨基酚十分敏感，由于他们体内缺乏葡萄糖醛酸化合物，无法代谢对乙酰氨基酚，易引起中毒。

【病因】

（1）犬、猫感冒时，服用过多剂量的对乙酰氨基酚类药物导致中毒。

（2）误食含有对乙酰氨基酚的食物。

【发病机理】

对乙酰氨基酚一般为口服摄入，摄入的药物很快吸收入门静脉循环，肝脏通过葡萄糖醛酸化、硫酸盐化和细胞色素 P450 介导途径进行代谢。低剂量对乙酰氨基酚主要通过葡萄糖醛酸化和硫酸盐化途径代谢，产生的非毒性结合物经胆汁和尿液排泄。然而，对乙酰氨基酚经细胞色素 P450 途径代谢的产物 N-乙酰基-对苯醌亚胺（NAPQI）有毒性作用。NAPQI 正常情况下与谷胱甘肽结合，形成非毒性半胱氨酸和硫醇尿酸结合物。谷胱甘肽是细胞产生的化合物，保护细胞免受氧化损伤。由于对乙酰氨基酚葡萄糖醛酸化和硫酸盐化途径代谢能力有限，药物剂量增加时，细胞色素 P450 途径代谢量增加，代谢产物 NAPQI 增加，细胞谷胱甘肽储存量被大量消耗。高浓度对乙酰氨基酚可抑制谷胱甘肽的合成，最终造成非结合性 NAPQI 浓度升高。由于其亲电子特性，NAPQI 共价结合细胞蛋白，通过脂质过氧化破坏蛋白质功能和细胞膜。此外，谷胱甘肽耗竭使得细胞易受氧化损伤。由于在猫、犬体内缺乏葡萄糖醛酸化合物，且犬、猫体内硫酸盐与对乙酰氨基酚结合能力都比较低，因此临床上极易发生犬、猫对乙酰氨基酚类药物中毒。犬一次饲喂对乙酰氨基酚超过 200mg/kg，即可导致中毒。猫对对乙酰氨基酚的毒性作用更敏感，剂量在 $50\sim100$mg/kg 之间，就可以导致中毒。偶尔也会观察到低至 10mg/kg 的剂量引起中毒。

【临床症状】

(1) 犬对乙酰氨基酚中毒临床症状　犬对乙酰氨基酚中毒多表现为肝细胞损伤和坏死，较高剂量时高铁血红蛋白血症明显，个别犬症状可能更偏向于高铁血红蛋白血症而不是肝毒性。此外，患犬服药 24h 内有轻度厌食、恶心、呕吐。$24\sim48$h 症状有所缓解，但会出现右上腹肝区疼痛、食欲减退、精神沉郁、虚弱、心动过速和呼吸急促，也可能出现黄疸；面部和脚趾水肿，或出现抽搐以及中枢神经系统抑制症状；严重者可致昏迷甚至死亡。

(2) 猫对乙酰氨基酚中毒临床症状　猫除了不易出现肝毒性之外，其余症状与犬相似。此外，猫还可能出现发绀、流涎、高铁血红蛋白血症、嗜睡、厌食、心动过速、呼吸困难、水肿、低温和呕吐等症状，有时还会伴有粪尿失禁等。

【诊断】

根据患病犬、猫对乙酰氨基酚类药物服用史及临床症状即可确诊。症状不明显的还可结合血常规和生化检测等实验室检测手段进行确诊。

(1) 临床检查　呼吸加快、精神沉郁、呕吐、流涎、呼吸困难、可视黏膜发绀、面部和四肢轻微水肿；触诊腹部痛感明显；大剂量服用对乙酰氨基酚还会引起严重肝肾损伤，甚至死亡。

(2) 实验室检查

① 血常规检查：白细胞升高，红细胞、血红蛋白、血细胞比容严重下降，表明动物机体出现感染，以及严重贫血。

② 生化检测：总蛋白下降、白蛋白下降；碱性磷酸酶、谷氨酰氨基转移酶、总胆红素、天冬氨酸转氨酶和丙氨酸转氨酶均升

高；直接胆红素、间接胆红素升高，但间接胆红素升高的幅度大，表明出现严重的肝损伤和轻微黄疸。

③ 显微镜观察：红细胞出现海因茨小体，海因茨小体是红细胞内变性珠蛋白的包涵体，可使红细胞膜变形并有皱纹，原有双层膜消失。

④ 尿液分析：尿液呈巧克力色，提示高铁血红蛋白尿症或血尿症。

【治疗】

（1）停止用药并促进药物排出　立即停止服用含对乙酰氨基酚的药物，采取催吐、洗胃、导泻、吸附等方法，诱导呕吐或洗胃。前 4～6h 使用活性炭，可清除胃肠道中剩余的对乙酰氨基酚。服药期间应避免食用含酒精的食物，皮质类固醇、抗组胺类药禁用。动物在缺氧时，禁止使用催吐药物。

（2）给予特效解毒剂"痰易净"（乙酰半胱氨酸）　中毒 16～24h 内可用 20% "痰易净"水溶液口服或鼻饲管灌入，第一次剂量为 140mg/kg，以后每 4h 用药 70mg/kg，共需服药 18 次（68h）。该解毒药没有恶心、呕吐等副作用，患犬一般能耐受。但不能与活性炭同时服用，后者可吸附"痰易净"。如中毒已超过 24h，则以支持疗法为主。

（3）输血治疗　患病动物由于肝脏受损，贫血，肌酐下降，血细胞比容过低，所以需进行输血治疗。

（4）输液补充营养　静脉补液保持水和电解质平衡，维持酸碱平衡。选用林格氏液 50mL，5% 葡萄糖 50mL，ATP10mg，辅酶 A50IU，维生素静脉注射或者口服维生素 E 进行抗氧化治疗。

（5）其他治疗　保肝，并配合强心剂。

（6）利尿、碱化尿液　这可以促进对乙酰氨基酚排除，注意肝肾的保护和治疗。

【预防】

① 禁止私自乱用药，用药需在医师指导下合理用药。

② 出现临床症状须及时送往动物医院进行诊治，做到早发现早治疗。

第十五节　抗生素中毒

（antibiotics poisoning）

抗生素是指由细菌、真菌或其他微生物在生活过程中所产生的具有抗病原体或其他活性的一类物质，是目前临床最常用的药物。根据化学结构不同，可分为：β-内酰胺类（如青霉素、头孢菌素），氨基糖苷类（如链霉素、庆大霉素、卡那霉素、新霉素、阿米卡星、大观霉素、安普霉素等），四环素类（如四环素、土霉素、金霉素等），氯霉素类（如氯霉素、甲砜霉素、氟苯尼考等），大环内酯类（如红霉素、吉他霉素、泰乐菌素等），林可霉素类（如林可霉素、克林霉素等），多肽类（如杆菌肽、黏菌素等），多烯类（如两性霉素 B、制霉菌素等），聚醚类（如莫能菌素、盐霉素、马杜霉素、拉沙洛菌素等）。抗生素自问世以来，为防治人类和动物疾病做出了很大贡献，但由于抗生素本身存在的毒副作用，在临床上过敏反应及中毒现象尚有发生。

青霉素类中毒

(penicillins poisoning)

青霉素类是一类重要的 β-内酰胺类抗生素，它们可由发酵液提取或半合成制得，主要是与细菌细胞膜上的青霉素结合蛋白（penicillin binding proteins，PBPs）结合而妨碍细菌细胞壁黏肽的合成，使之不能交联而造成细胞壁缺损，致使细菌细胞破裂而死亡。细菌细胞有细胞壁，而动物细胞无细胞壁，因此青霉素类对人和动物的毒性很低，有效抗菌浓度的青霉素对人体和动物体细胞几乎无影响。但在临床使用过程中可发生过敏反应，甚至出现过敏性休克。

【病因】

青霉素类对革兰氏阳性球菌和革兰氏阴性球菌的抗菌作用较强，对革兰氏阳性杆菌、螺旋体、羧状芽孢杆菌、放线菌以及部分拟杆菌有抗菌作用，在细菌繁殖期发挥杀菌作用，仅在细胞分裂后期细胞壁形成的短时间内有效。自20世纪40年代初青霉素G应用于临床以来，已研制的青霉素类主要包括：主要抗革兰氏阳性菌的窄谱青霉素（如青霉素G、青霉素V等），耐青霉素酶的青霉素（如苯唑西林、氧唑西林、甲氧西林等），广谱青霉素（如氨苄西林、阿莫西林等），对绿脓杆菌等假单孢菌有活性的广谱青霉素（如羧苄西林、替卡西林等），主要作用于革兰氏阴性菌的青霉素（如美西林、匹美西林等）。青霉素类吸收迅速，可通过血脑屏障，半衰期短，主要经肾脏排出。青霉素类除引起过敏反应外，用量过大对神经系统和凝血产生毒性作用。

【发病机理】

青霉素的性质不稳定，可降解为青霉噻唑酸和青霉烯酸，前者还可聚合成青霉噻唑酸聚合物，此聚合物极易与多肽或蛋白质结合成青霉噻唑酸蛋白，它是一种速发型的致敏原，刺激机体产生强烈的免疫病理反应。这种过敏反应具有发生快、消除快、不破坏组织细胞、有明显的个体差异等特点，犬、猫较为常见。

青霉素类毒性相对较低，对局部有刺激作用，如注射在坐骨神经附近，可刺激神经干造成坐骨神经损伤。用量过大、肾功能不全时，进入中枢神经系统的量增加，脑脊液浓度超过 $8\sim10U/mL$，可抑制中枢递质 γ-氨基丁酸（GABA）的合成及转运，抑制中枢神经细胞 Na^+，K^+-ATP 酶，使静息电位降低。也有人认为进入中枢神经的青霉素在小脑桥角沉积，直接引起颅神经损害。有些青霉素类药物还可升高颅内压。在临床上表现头痛、呕吐、抽搐、惊厥、昏迷等。另外，大剂量的青霉素还可抑制骨髓功能，减少血小板释放，干扰血小板凝集及血小板因子的生成，导致凝血障碍。青霉素钠或钾可导致机体离子平衡失调。

【临床症状】

青霉素类引起的过敏反应主要表现出汗、兴奋不安、流涎、口吐白沫、肌肉震颤、心跳加快、呼吸困难、黏膜发绀、站立不稳、抽搐、休克。有时可见荨麻疹、眼睑、头面部水肿，头部、颈部皮肤瘙痒。严重者若不及时抢救，可导致死亡。

青霉素类中毒主要表现呕吐、腹泻、抽搐、惊厥、呼吸和循环衰竭、凝血障碍。

【诊断】

根据使用青霉素类药物的病史，结合迅速出现的过敏反应性症状或大剂量应用后引起的毒性反应，即可诊断。

【治疗】

出现过敏反应，应立即停止用药，皮下注射 0.1％盐酸肾上腺素，犬、猫 0.1～0.5mL。也可用糖皮质激素。并采取强心、补液等措施防治循环衰竭。对症治疗包括抗惊厥可用巴比妥类或安定，呼吸困难可输氧。

青霉素类中毒主要采取促进药物排除和对症治疗等措施。

【预防】

严格执行药物使用剂量，严禁超量长期持续用药。对血液钾含量较高的动物，应禁止大剂量使用青霉素钾盐。由于青霉素类药物在干燥状态下较稳定，在室温下溶解的时间越长，其效价就越低，分解产物也就越多，致敏物质也就不断增多；因此，青霉素类药物应即溶即用，确保药效准确、毒副作用小。必须保存时，应置冰箱中，以在当天用完为宜。

链霉素中毒

(streptomycin poisoning)

链霉素中毒是临床上治疗疾病时，链霉素用量过大所引起的以肌无力、运动失调、呼吸和心脏衰竭为特征的中毒性疾病。

【病因】

链霉素由放线菌属的灰链霉菌培养滤液中提取而得，常用其硫酸盐。硫酸链霉素因对人毒副作用较大，已停止使用。链霉素对结核杆菌和多种革兰氏阴性杆菌有抗菌作用，兽医临床上主要用于治疗各种敏感菌引起的急性感染，常与青霉素配合应用。动物中毒的主要原因是用药剂量过大，持续时间过长。有时与其他氨基糖苷类、多肽类同用，可增加对耳、肾及神经肌肉接头的毒性作用。链霉素也可产生过敏反应。链霉素对动物的毒性与品种和年龄有关，犬和猫皮下注射链霉素的致死剂量（LD）分别为 600mg/kg 和 300mg/kg。猫对链霉素的神经毒性极为敏感，每天 11～34mg/kg，20d 内可出现姿势和步态异常。

【发病机理】

链霉素内服极少吸收，肌肉注射吸收良好，约 0.5～2h 达到血药峰浓度，其血药浓度随用药量的加大而增加。链霉素能与钙离子络合造成低血钙，抑制神经末梢释放乙酰胆碱，促进神经肌肉接头的阻滞作用。长期使用链霉素，还可使前庭功能失调及耳蜗神经损害。

【临床症状】

链霉素引起的过敏，表现全身震颤，呼吸困难，突然倒地，抽搐，可视黏膜发绀，兴奋不安，皮疹，眼睑、面部、乳房、阴唇等部发生充血水肿，水肿部位瘙痒。有的很快出现休克。

犬中毒在注射链霉素后 15～20min 出现症状，表现为精神极度沉郁、呼吸困难、伸舌流涎、全身无力、瘫软而不能站立。抢救不及时很快死亡。

【诊断】

根据长期大剂量应用链霉素的病史，结合肌肉无力、运动失调、呼吸和心脏衰竭等症状即可诊断。

【治疗】

动物过敏可参照青霉素类进行治疗。此外，动物中毒可注射新斯的明和钙制剂，同时采取强心、补液等措施。

【预防】

预防本病的关键是严格按照推荐剂量用药，严禁大剂量长时间持续用药。幼龄动物对链霉素敏感，应避免使用。

【复习思考题】

1. 如何诊断 β-受体拮抗剂中毒？
2. 布洛芬中毒的治疗措施是什么？
3. 如何治疗抗惊厥药中毒？
4. 对乙酰氨基酚中毒的机理是什么？
5. 如何治疗常见的几种抗生素中毒？

第六章

常见家庭日用品中毒

● 【本章导读】

　　由于小动物无聊、行为改变、好奇心强等原因，看似安全的家庭环境对小动物来说也可能存在危险。家庭日用品中常见的漂白粉、消毒液、洗衣液（洗衣粉）等都会威胁小动物的健康。小动物误食以上家庭日常用品后会造成哪些伤害？出现的临床症状和病理变化有哪些？应该如何进行诊断和治疗？本章将对以上问题进行一一解答。

● 【学习目标】

　　1. 了解不同常见家庭日用品对小动物健康的潜在危害，熟悉其临床症状。

　　2. 掌握小动物常见家庭日用品中毒后的诊断方法和治疗手段。

　　3. 通过学习本章内容，掌握小动物家庭日用品中毒后的鉴别诊断，并能阐述相应的治疗方案。

● 【本章概述】

　　常见家庭日用品是小动物中毒病的主要诱因之一。越来越多的伴侣动物被视为家庭成员与主人共享家庭环境，并常常独自在家，而这种行为增加了小动物与有毒家庭日用品接触的概率，增加了中毒风险。此外，小动物天性好动，对新鲜事物感到好奇，新奇的家庭日用品往往会吸引它们的注意。多种因素作用下，家庭日用品导致的小动物中毒病例逐渐增多。然而，这种中毒病较难诊断，且由于缺少特异性临床症状易被忽视。因此，系统地收集和分析小动物家庭常用物品导致的中毒病例非常重要。本章重点介绍了电池、漂白粉、84 消毒液、樟脑丸、洗衣液等家庭日常用品对小动物的危害和中毒症状。

第一节　电池中毒
（battery poisoning）

随着宠物电动玩具、小家电的普遍使用，电池已成为威胁小动物健康的危险因素之一。小动物因好奇心和活动力强，容易误食未妥善放置的纽扣电池或咀嚼含有电池的玩具、遥控器、助听器等电子产品。因此，在小动物电池中毒的临床病例中，误食纽扣电池或干电池的情况最为普遍。电池中含有重金属，具有强碱性、强腐蚀性以及带电等特性，其常见化学成分有锌-氧化银、镍-镉、镍-氢、锌-锰、镁-锰、锌-氧化汞、锂-锰等。当被误食的电池滞留在小动物消化道时，会压迫消化道，同时电池放电也会导致小动物组织液化、凝固性坏死以及遭受电流烧灼伤等伤害。此外，电池内的有害物质溢出，会导致重金属进入消化道，引起严重的组织损伤，危及生命安全。电池对消化道的压迫及腐蚀还可能引发消化道穿孔，异物滞留时间越长，穿孔概率越高，产生的并发症也随之增多。

【病因】

电池由于携带方便、充放电操作简便易行、不受外界气候和温度的影响、性能稳定可靠等特点在生活中有着广泛的应用。然而，家用电池如保管不当，可能会对小动物的健康造成威胁。随着宠物玩具市场的不断发展，越来越多的宠物主人选择购买宠物电动玩具。然而，部分宠物电动玩具因设计不合理或质量不达标，存在被小动物误食引起中毒的风险。小动物电池中毒的具体原因可归纳为以下几点：

① 家用电池保管不当。

② 部分宠物玩具设计不合理、质量不达标。

③ 小动物好奇心强，可能误食电池或者含有电池的物品。

④ 小动物可随意接触家庭中含有电池的物品。

【发病机理】

（1）纽扣电池　纽扣电池引起食道损伤的机制包括苛性碱烧伤（碱性电解质释放）、电烧伤（黏膜与电池的电荷之间产生电流，阴极侧的食道受到强烈的碱性腐蚀，阳极侧的食道则受到强烈的酸性腐蚀）和机械损伤（电池对黏膜的压迫引起的组织坏死）。

（2）干电池　动物胃内酸性环境会破坏干电池外壳，而酸性干电池中含有的氯化铵或二氧化锰与黏膜接触后，会导致黏膜凝固性坏死。碱性干电池含有的氢氧化钾或氢氧化钠与消化道接触后，可引起消化道液化性坏死以及深度穿透溃疡。此外，如果电池长时间停留在胃肠道中，其外壳中的重金属（如铅、汞、锌、钴、镉）可能会引起小动物中毒。

【临床症状】

临床症状通常在误食电池后 2～12h 出现，主要症状包括：

① 动物唾液增多，同时表现出用四肢抓嘴的异常行为。

② 牙齿变色（黑色或灰色）。

③ 咳嗽、呼吸困难、胸骨疼痛等症状。

④ 恶心呕吐、频繁吞咽和厌食。

⑤ 腹围增大，腹部触诊会有游离腹水并伴有疼痛反应。

⑥ 如中毒时间较长可见重金属中毒症状，如疲倦、嗜睡、躁动、抖动、恶心、便秘、体重减少、血便、发热等。

⑦ 也可能出现其他临床症状，如溶血。

【诊断】

(1) 病史调查　详细了解小动物中毒发生的时间和地点、发病情况、死亡情况及既往病史；了解小动物生活环境，是否有小型电子产品和宠物电子玩具等。

(2) 临床检查　根据呕吐、吞咽及进食困难、流涎、发热、咳嗽、呼吸困难、体重下降、咽痛、胸骨疼痛、呼噜声、呕血、黑便、腹痛、腹胀、背痛、嗜睡等症状进行初步诊断。

(3) 病理学诊断　寻找牙龈、舌头和喉咽区域的红斑和溃疡。拍摄胃肠道 X 线片或用内窥镜寻找电池。以内窥镜检查消化道中的出血性溃疡以及坏死和穿孔的组织。

(4) 实验室诊断　通过测定血细胞比容（PCV）、总固体（TS）或全血细胞计数（CBC）指标，评估失血、水合作用、机体炎症或感染情况。

(5) 治疗性诊断　根据临床症状，通过治疗效果进行验证诊断，如治疗有效，可作出诊断。

(6) 鉴别诊断　其他疾病也可导致急性胃肠炎、胃肠道溃疡和穿孔。因此，应与非甾体抗炎药中毒、胰腺炎、内毒素血症等做出鉴别诊断。

【治疗】

首要治疗方案为稀释腐蚀性成分，去除残留的电池，治疗腐蚀性损伤，止痛和控制感染。在治疗过程中应避免中毒动物呕吐。

(1) 不建议催吐　电池可能导致腐蚀性损伤或食道阻塞，因此不建议催吐。不推荐使用活性炭，因为它不与泄漏的电池内容物结合且会导致呕吐。

(2) 稀释　每 10～15min 给予少量温热的水，直至完成初步治疗。用水冲洗口腔和接触电池内容物的皮肤，确保去除或稀释残留的腐蚀性物质。

(3) 电池移除　一旦用 X 射线拍摄或内窥镜探测确定了电池的位置，应立即选择适当的方法取出电池。根据电池在小动物体内的位置不同，其移除的方式也存在差异。

电池位于食道：内窥镜移除具有微创和高效的特点。如发现电池破裂且内容物泄漏，电池取出的过程可能会对食道造成进一步损伤，因此应使用内窥镜进行移除。

电池位于胃：对于胃内体积小且未破裂的电池可以通过手术取出，以防止电池内容物扩散进一步引起溃疡。此过程，需多次拍摄胃肠的 X 线片以确保完全取出电池，避免残留电池久滞引起重金属中毒和碱性腐蚀。

电池位于小肠：如果电池破裂且内容物泄漏，应立即手术取出。如果电池完整，则应通过 X 线片和粪便检查监测电池的排出情况。

（4）护理　腐蚀性损伤可能导致中毒动物在进食时出现明显不适，因此可以在电池移除时进行经皮内镜下胃造口术（PEG）以供给营养，减少感染的可能性。

【预防】

购买设计科学的宠物玩具，家中的废弃电池应妥善放置，破裂的电池应及时清理。

第二节　漂白粉、 84 消毒液中毒

（bleaching powder and 84 disinfectant poisoning）

漂白粉是一种广谱消毒剂，其氧化作用能杀灭化脓性球菌、细菌芽孢和肠道致病菌，具有低毒、高效且不污染环境的特点，应用极为广泛。此外，漂白粉还可对饮用水和废水进行杀菌，适用于餐馆、医院等公共场所，以及传染病疫源地和卫生洁具的消毒。84消毒液作为日常生活中经常使用的一种高效、无毒、广谱、去污力强的消毒剂，适用于宾馆、饭店、医院、保健机构、托幼机构、家庭、饮食及食品加工行业的清洗消毒。漂白粉和 84 消毒液的主要成分都是次氯酸盐，在消杀过程中很少出现中毒的情况。但是，上述两种消毒剂如果随意放置，可能会对好动、好奇心强的小动物造成威胁。中毒后，小动物可能出现精神沉郁、发抖、抽搐、昏睡、反应迟钝、不食、呕吐和共济失调等症状。

【病因】

漂白粉的主要成分为次氯酸钙，其有效氯含量约为 $30\%\sim38\%$，同时还含有其他少量的氢氧化钙和氯化钙。溶于水之后，次氯酸钙会水解成为氢氧化钙和次氯酸，次氯酸因具有强氧化性而能够进行杀菌和消毒。84 消毒液是一种以次氯酸钠为主要成分的高效消毒剂，为无色或淡黄色液体，具有刺激性气味，其有效氯含量在 $5.5\%\sim6.5\%$，广泛用于环境卫生等的消毒中。以上两种消毒剂常见于家庭。其主要中毒原因可归纳为：

① 放置在可能被小动物接触的位置，小动物误食后导致中毒。

② 环境、器具或水消毒时配置浓度未按照说明严格操作，超过标准使用量，在此期间被小动物舔舐导致中毒。

③ 次氯酸盐消毒剂用于环境消毒后未及时通风干燥，导致小动物舔舐地面积液或吸入高浓度消毒剂导致中毒。

④ 人为投毒。

【发病机理】

次氯酸盐主要通过化学反应产生次氯酸（HClO），依靠它的强氧化性发挥灭菌作用。但 HClO 有很强的刺激性，对呼吸道黏膜和皮肤有直接刺激作用，可引起炎性病变。此外，HClO 还可以破坏肺泡结构，导致严重的肺水肿及淤血。当 HClO 进入肺内后，肺内炎症介质反应失控，肺泡上皮细胞受损，肺泡毛细血管内皮损伤、通透性增高，大量水分和少量红细胞从血液漏出，导致肺泡功能丧失引起急性肺损伤进而使机体全身缺氧而死。漂白粉中毒的临床症状和病理组织学变化与氯气中毒十分相似。次氯酸钙见光分解后，产生的氯气能刺激迷走神经引起反射性心脏骤停而导致猝死。皮肤直接接触84 消毒液可导致浆液性炎症，个别部位可出现化脓性炎症和纤维素性炎症。

【临床症状】

临床症状主要包括：

① 烦躁不安。

② 前肢不停刨地，刨地间歇时趴在刨地处，喘粗气。

③ 呕吐，呕吐物前期主要为食物，后期变为白色或黄色的泡沫状黏涎。

④ 可视黏膜充血、呼吸急促、剧烈咳嗽。

⑤ 发抖、抽搐、昏睡、反应迟钝。

【诊断】

（1）病史调查　问诊，结合最近一次的喂食情况来判定。

（2）临床检查　对中毒小动物进行全面检查，体表、腹下、股内侧、被毛稀少部位可能出现充血、水肿、浆液性炎症，个别部位出现化脓性炎症，经口摄入有毒物质的小动物上唇下缘的四周会出现纤维素性炎症。小动物会不断舔舐病变部位，其舌尖和舌体也会出现充血现象。消化道症状主要有呕吐、腹泻、肠音亢进、口角有白沫等；呼吸道症状主要包括呼吸急促、剧烈咳嗽。前期出现焦躁不安、四肢乱摆，甚至撞墙，后期精神沉郁、昏睡、反应迟钝、共济失调，中毒小动物体温正常。

（3）解剖检查　部分肺泡腔内充满粉红色均质浆液（水肿液）并混有红细胞、脱落的肺泡壁细胞和尘细胞；肺泡壁增厚，毛细血管以及小静脉、动脉明显扩张充血，部分肺泡出现代偿性扩张；细支气管内充满水肿液并混有脱落的少量细支气管上皮，毛细血管壁也显著扩张充血。气管壁上部分小动脉、静脉以及毛细血管扩张充血，气管黏膜上皮纤毛断裂脱落，局部可见少量假复层纤毛柱状上皮细胞脱落；肺部淋巴结内毛细血管扩张充血，髓质区有大量的嗜酸性粒细胞浸润。其他器官无明显组织病理学改变。

（4）鉴别诊断　需与其他呼吸道传染性疾病进行鉴别诊断。

（5）治疗性诊断　根据临床症状，通过治疗效果进行验证诊断，如治疗有效，可作出诊断。

【治疗】

治疗以全身增强解毒功能、外用消炎止溃药物为原则。

立即停用次氯酸盐消毒液；5％葡萄糖注射液 250mL、维生素 C 1g、地塞米松 0.5g，静脉滴注，1 日 1 次；强力解毒敏注射液 2.0mL×3 支，肌内注射，1 日 3 次；动物全身清水冲洗后用吹风机吹干。炎症部位先用碘酊涂擦，数分钟后撒消炎粉。小动物口腔内撒冰硼酸，1 日数次，每次 1～2 支；小动物饮用口服补液盐、米汤，不限量，连续治疗 3d。

【预防】

（1）将漂白粉、84 消毒液等放置在小动物不能触碰的地方。

（2）消毒液应科学配比，避免剂量过大。环境消毒或者水消毒时，防止小动物接近。

（3）环境消毒后及时通风干燥，以防小动物舔舐地面积液或通过呼吸道吸入体内。

（4）小动物皮肤不慎接触漂白粉或 84 消毒液，须及时用清水冲洗。

第三节　樟脑丸中毒
（camphor ball poisoning）

樟脑丸主要包括天然樟脑丸和合成樟脑丸。天然樟脑丸的主要成分是樟脑，它是一种从樟树中提取出来的具有芳香味的有机化合物，具有杀虫、抗菌、抗病毒、抗球虫、抗癌和镇咳等多种生物活性。合成樟脑丸的主要成分为萘或对二氯苯，具有强烈的挥发性，其杀虫作用与天然樟脑相似。天然樟脑丸和合成樟脑丸都有剧毒，被宠物误食后可能会导致中毒。

【病因】

小动物可通过皮肤接触、误食、吸入含有樟脑丸成分的杀虫剂或除臭剂而中毒，具体原因可归纳为：

（1）樟脑丸暴露在宠物可能活动的地方，小动物舔舐、啃咬樟脑丸后导致中毒。

（2）宠物接触了含有樟脑丸成分的除臭剂。

【发病机理】

合成樟脑丸中的主要成分为萘或对二氯苯。

合成樟脑丸中含的萘具有亲脂性，萘进入机体后首先在肝脏中形成初级代谢产物 1-萘酚，然后初级代谢产物再被代谢为萘醌。萘的代谢物可与动物体内的谷胱甘肽结合，竞争性地降低细胞抵抗氧化损伤的能力。同时萘酚代谢物还可将血红蛋白氧化成高铁血红蛋白，从而形成海因茨小体，导致红细胞溶解产生溶血。由于萘主要在肝脏中代谢，对肝脏的损伤较大，因此合成樟脑丸具有一定的肝脏毒性。另外，萘还可以降低眼房液中维生素 C 的含量，从而导致犬、猫发生白内障。

对二氯苯为有机氯杀虫剂，其毒性比萘酚小。宠物可通过呼吸道、消化道及皮肤吸收对二氯苯。对二氯苯会刺激胃肠道，导致恶心、呕吐。

樟脑丸中毒后期可能会出现多动症、躁动、烦躁不安、头痛等症状。由于樟脑丸有肝毒性和肾毒性，因此后期动物还可能出现蛋白尿等症状。

【临床症状】

误食过量樟脑丸会刺激胃肠和中枢神经系统，导致中毒动物出现恶心呕吐、躁动不安、幻觉甚至癫痫等症状。若犬、猫皮肤黏膜接触了樟脑丸，会对皮肤产生刺激。临床症状通常在接触樟脑丸后几分钟到几小时内出现。其临床症状严重程度与吸收樟脑丸剂量的多少有关。

【诊断】

用清水及饱和食盐水可以鉴别合成樟脑丸中的主要成分，主要成分为萘的樟脑丸会漂浮在饱和食盐水中，但会沉在清水中；而主要成分为对二氯苯的樟脑丸在饱和食盐水和清水中都会下沉。合成樟脑丸中主要成分的鉴别有利于了解引起中毒的主要化学物质，便于后期诊断与治疗。

宠物中毒后会产生溶血、贫血，血涂片可能观察到海因茨小体。此外，中毒动物还可能出现化学性氮质血症、肝酶升高，并伴随高胆红素血症；静脉血分析可发现代谢性酸中毒。临床病例还可能出现由呕吐导致的电解质异常以及尿失禁、血红蛋白尿等症状。

对中毒动物排出的尿液进行实验室检查，可通过薄层色谱法（TLC）或高效液相色谱法（HPLC）分离出萘及其代谢物，并可以使用气相色谱-质谱法（GC-MS）进行进一步的鉴定。若是主要成分为对二氯苯的樟脑丸导致的中毒，通过影像学可观察到含对二氯苯的樟脑丸在动物体内形成密集白色阴影，不透射线。而主要含萘的樟脑丸则具有辐射透光性或微弱的辐射不透性，可与含对二氯苯的樟脑丸区分开来。

【治疗】

（1）催吐　对无症状的中毒动物实施催吐。若治疗及时，一般不会引起肝肾损伤。因樟脑丸在体内分解缓慢，宠物在误食樟脑丸数小时内实施催吐，可有效排出毒物。对于出现精神沉郁、共济失调、震颤、癫痫等神经症状的动物则禁止催吐。如催吐效果不佳，或中毒动物摄入大量樟脑丸，则应采取洗胃手段。另外，也可通过服用含泻药的活性炭来清除消化道内的有毒物质。

（2）冲洗接触部位　清洗与樟脑丸接触的中毒动物皮肤，若中毒动物的眼部接触了有毒物质，则应用等渗盐水或用水冲洗眼睛10~15min，并将宠物迅速转移至安全区域。

（3）对症治疗　若动物呼吸困难，则需尽快补充氧气。若出现出血性休克的症状，如低血压、心动过速、贫血、严重溶血或中毒性高铁血红蛋白血症等，则应对中毒动物进行复苏，必要时可以输血。

（4）处方　止吐药，口服或肌内注射甲氧氯普胺0.2~0.5mg/kg，可维持8h；持续性静脉输注甲氧氯普胺1~2mg/(kg·d)。保护胃黏膜，口服硫糖铝0.25~1g，每8h给药一次；H_2受体拮抗剂，口服或静脉注射法莫替丁 0.5～1.0mg/kg，可维持 12～24h；质子泵抑制剂，奥美拉唑（犬 24h 口服 0.1～1.0mg/kg，猫 24h 口服 0.7mg/kg）。治疗抗惊厥可以选择静脉注射地西泮，0.5～1mg/kg；每 4～6h 静脉注射苯巴比妥 4mg/kg，共注射 4 次，可以根据需要增加剂量或混合用药。

（5）特效解毒药　中毒性高铁血红蛋白血症可以用亚甲蓝或抗坏血酸处理。口服或静脉注射抗坏血酸，抗坏血酸可将甲基苯胺还原为血红蛋白，但其转化较慢；亚甲蓝还原血红蛋白速度快，中毒犬可缓慢静脉注射 1～4mg/kg 亚甲蓝、猫可缓慢注射 1～1.5mg/kg 亚甲蓝。

（6）替代处方　口服 N-乙酰半胱氨酸（NAC），给药初始负荷剂量为 140mg/kg，然后每 4～6h 口服 70mg/kg，持续治疗 7～17 次。

【预防】

合理使用和放置樟脑丸是预防小动物中毒的主要方式。同时，加大对动物主人的科普力度。

第四节　洗衣液、洗衣粉中毒
（laundry detergents poisoning）

洗衣液的主要成分包括活性剂、软化剂（柠檬酸钠、偏硅酸钠等）、pH 调节剂（醇胺类化合物、氢氧化钠、氢氧化钾等）、助溶剂（乙醇、乙二醇、甘油等）、防腐剂和香味剂等。洗衣粉的成分主要包括表面活性剂、软水剂、碱剂和漂白剂。小动物误食洗衣液或洗衣粉可能会导致消化道灼伤，并引起肺炎和败血症；皮肤黏膜接触洗衣液或洗衣粉则会导致皮肤灼伤、红肿和发炎等。值得注意的是，洗衣粉、洗衣液对犬、猫的毒性一般较低，临床症状主要以恶心、呕吐、腹泻、流涎、呼吸急促、抽搐为主，若中毒时间过长则可能导致瘫痪。

【病因】

具体中毒原因可归纳为：

（1）家里的洗衣液、洗衣粉放在了小动物容易接触到的地方，犬、猫接触或误食。

（2）用洗衣液或洗衣粉给犬、猫洗澡，使其皮肤长时间暴露于洗衣液或洗衣粉中。

【发病机理】

洗衣液、洗衣粉最主要的成分为表面活性剂，且表面活性剂中的阳离子表面活性剂有较高毒性，阴离子型居中，非离子型和两性离子型表面活性剂毒性较低。阴离子表面活性剂毒性较低，一般不会对机体造成急性毒性损伤，但口服后会有胃肠道不适和腹泻症状，高浓度下毒副作用会加剧。非离子表面活性剂属于低毒或无毒类，性能温和，刺激性低，口服无毒。

【临床症状】

主要临床症状包括：

（1）误食　前期临床症状主要为恶心、呕吐、腹泻、流涎；随着中毒持续进展，可能会发生嗜睡、吞咽困难、食管烧伤、消化道出血、肺炎、败血症；严重的系统性症状如躁动、抽搐和昏迷比较少见。

（2）吸入粉末产品　咳嗽、呼吸急促、流涎；随着病情持续进展，呼吸可能受到抑制。

（3）眼暴露　出现红肿、流泪等症状。治疗不及时可能导致眼角膜受损。

（4）皮肤暴露　可能会出现皮肤瘙痒、红斑、发炎等症状，犬、猫由于皮毛旺盛难以发现，随着病程的发展，可能发生皮肤坏死。

【诊断】

（1）病史调查　详细了解动物疾病发生的时间、地点及既往病史；了解环境中是否存在洗衣粉和洗衣液溢出后被舔舐、啃咬的痕迹；了解畜主给小动物洗澡的习惯；了解畜主最近有无进行房屋大扫除等，逐步缩小患病动物的异物接触范围。

（2）临床检查 对患病动物进行全面检查，观察是否有消化道症状（呕吐、厌食、流涎等）、呼吸道症状（呼吸急促等）和神经症状（运动失调、痉挛、抽搐、昏迷等）等。根据收集到的症状表现，结合病史，逐渐缩小可疑毒物的范围，做出合理的怀疑及诊断。

（3）解剖检查 首先进行体表检查，重点观察皮肤、眼角膜的状态，若发红、发炎则提示接触异物灼伤，然后对皮下脂肪、肌肉、骨骼、体腔、脏器进行检查。由于动物大多因经消化道摄入洗衣液和洗衣粉而中毒，所以检查消化道病变、内容物组成及其色泽和性状等对诊断有重要意义。

（4）治疗性诊断 根据临床症状，通过治疗效果进行验证诊断，如进行洗胃、灌肠及输液治疗，如治疗效果较好，可据此作出诊断。

【治疗】

治疗的原则为切断毒源（洗衣液或洗衣粉），防止进一步吸收，并提供必要的支持性和症状性护理。

（1）除去尚未吸收的毒物 使用大量生理盐水洗胃和灌肠，促进毒物排出。对于眼部，使用正常的生理盐水（优选）或温水冲洗眼睛约 20min。

（2）药物治疗

① 阿托品：阿托品 5mg＋250mL 生理盐水静脉滴注，输液 180mL 时呕吐及抽搐减轻，白沫消失；输液至 200mL，患犬已能站立，若出现瞳孔轻微散大症状则停止输液。随后，使用维生素 C 1g、肌苷 32mg、ATP 10mg、辅酶 A 5mg，继续输液。

② 葡萄糖酸钙：因摄入洗衣液或洗衣粉后可能出现低钙血症，因此可以使用 10% 葡萄糖酸钙溶液（0.5～1.5mL/kg 静脉滴注，缓慢输液 15～30min）或 10% 氯化钙溶液（0.15～0.50mL/kg 静脉滴注）进行治疗。

③ 辅助治疗：使用保肝药加强肝脏解毒功能，适量静脉滴注葡萄糖液、维生素 C、肝泰乐等；发生肺水肿时，需静脉滴注高渗葡萄糖液；出现呼吸衰竭时，需将动物移置于通风处，给予抗生素、镇静剂、强心剂、呼吸兴奋剂等。

（3）保持重要脏器功能　供应氧气，根据需要做呼吸支持性护理。必要时还应积极监测和更换流体和电解质。

【预防】

（1）放好家里的洗衣液和洗衣粉，最好是放在犬、猫接触不到的地方。

（2）洗衣液和洗衣粉等家庭清洁用品不能作为小动物的洗澡清洁剂。

（3）使用宠物专用沐浴露，同时务必冲洗干净。

（4）误食洗衣液后应立即就医，不建议在家自行催吐。

【复习思考题】

1. 小动物电池中毒后应该如何诊断？以及如何鉴别诊断？

2. 小动物接触洗衣液和洗衣粉等家庭常用清洁剂时出现的临床症状有哪些？

3. 眼睛暴露于洗衣粉等清洁剂时应如何处理？

4. 不同电池的中毒有哪些相似点和不同点？

第七章

农药中毒

● 【本章导读】 ▬▬▬▬▬▬▬

农药包括有机磷农药、敌草快、双甲脒、除虫菊酯、腈菌唑、三氮脒等常见药物。大量使用农药不仅会导致农药残留，而且还会给动物健康构成巨大的威胁。那么这些不同种类的农药会对小动物的健康产生何种影响，又会伴随着什么样的临床症状和病理变化呢？本章将一一解答这些问题。

● 【学习目标】 ▬▬▬▬▬▬▬

1. 了解不同种类农药对小动物健康导致的负面影响，并熟练掌握这些知识内容。

2. 掌握不同种类农药中毒后的解毒方法，避免出现误诊情况，最大限度地确保动物健康。

● 【本章概述】 ▬▬▬▬▬▬▬

农药是农业生产中常用的化学物质，用于控制病虫害和杂草，以保护作物免受害虫侵袭。常见的农药包括有机磷农药、敌草快、双甲脒、除虫菊酯、腈菌唑、三氮脒、百草枯和有机氯杀虫剂等。

这些农药在提高作物产量的同时，也带来了一系列潜在风险，尤其是对动物健康的威胁。农药对小动物健康的影响可能源于以下原因：①直接误食，小动物可能因好奇或不慎而直接误食农药，这种情况在家中或农场较为常见；②间接暴露，通过食物链传递，即小动物食用了被农药污染的食物或水源，间接摄入农药；③环境污染，农药残留于土壤和水中，通过环境途径对小动物造成潜在危害。因此，了解不同种类的农药对小动物健康的影响至关重要。此外，在日常生活中还应当加强对农药的安全管理和使用，以减少动物误食农药的风险。

第一节　有机磷农药中毒

(organophosphorus pesticide poisoning)

有机磷农药是由磷和有机化合物合成的一类农用杀虫剂的总称。有机磷农药中毒是动物接触、吸入或采食某种有机磷制剂所引起的病理过程，以体内的胆碱酯酶活性受抑制，神经及生理功能紊乱为特征。有机磷农药应用广泛，引起中毒的农药种类也很多，其中常见的有敌敌畏、敌百虫、乐果、三硫磷、马拉硫磷、内吸磷、倍硫磷、久效磷、乙硫磷等30余种。在我国，引起小动物中毒的有机磷农药主要有甲拌磷、对硫磷、内吸磷、乐果、敌百虫和马拉硫磷。中毒动物副交感神经兴奋，以腹泻、流涎、肌群震颤等为临床特征，犬、猫对有机磷农药比较敏感。

【病因】

有机磷农药属于强烈的接触性毒物，具有高度的脂溶性，能够迅速通过皮肤渗入机体，并通过呼吸道和消化道快速吸收。故这些农药可通过多种途径进入机体，包括食入、吸入或经皮肤吸收。在日常生活中，不当使用、过量使用或误食含有机磷农药的食物和饮水都可能导致动物中毒。具体原因可归纳为：

① 误食被有机磷农药污染的食物（包括被毒死的禽畜、水产品等）。

② 误用沾染农药的玩具或农药容器。

③ 不恰当地使用有机磷农药杀灭蚊、蝇、虱、蚤、臭虫、蟑螂及治疗皮肤病和驱虫。

④ 在喷过有机磷农药的田地附近活动导致中毒。

⑤ 人为投毒。

【发病机理】

动物胆碱能神经（包括运动神经、交感神经、副交感神经的节前纤维，以及副交感神经和部分交感神经的节后纤维）的传导大多依靠其末梢与细胞连接处释放的乙酰胆碱。此外，中枢神经系统的某些部位如大脑皮质的感觉运动区以及皮质深部的锥体细胞、尾状核、丘脑等神经细胞间的冲动传递，也有乙酰胆碱的参与。胆碱能神经传递必须与胆碱能受体结合才能产生效应。胆碱能受体分为毒蕈碱型（M型）和烟碱型（N型），前者分布于胆碱能神经节后纤维所支配的心肌、平滑肌、腺体等效应器官，后者分布于植物神经节及骨骼肌的运动终板内。在正常情况下，乙酰胆碱在完成其生理功能后，会迅速被存在于组织中的乙酰胆碱酯酶分解而失去作用。

当有机磷农药进入机体后，与胆碱酯酶结合，产生对硝基酚和磷酰化胆碱酯酶。磷酰化胆碱酯酶是一种较为稳定的化合物，只能极缓慢地发生水解，且长时间磷酰化后具有不可逆性。磷酰化胆碱酯酶能够使胆碱酯酶失去分解乙酰胆碱的作用，从而抑制该酶的活性以及使体内的乙酰胆碱大量蓄积，导致副交感神经过度兴奋。除此之外，有机磷农药还能抑制体内许多重要酶的活性，如胃蛋白酶、胰蛋白酶、凝乳酶、ATP酶等。

需要注意的是，磷酰化胆碱酯酶早期可部分水解恢复其活性，但长时间老化后的磷酰化胆碱酯酶无法恢复活性，只能通过新合成的胆碱酯酶来替代，因此中毒后的救治要及时。

【临床症状】

动物有机磷农药中毒后乙酰胆碱的蓄积会刺激胆碱能受体，表现为胆碱能神经先兴奋后抑制，即胆碱能 M 受体和 N 受体先兴奋后抑制。

毒蕈碱样症状（M 样症状）：乙酰胆碱在副交感神经末梢蓄积并产生刺激，使平滑肌痉挛和腺体分泌增加。该症状常发生于中毒早期，临床表现为恶心、呕吐、腹痛、腹泻、尿频、大小便失禁、流泪、流涕、流涎、心跳减慢和瞳孔缩小、支气管痉挛和分泌物增加、咳嗽等，部分动物还可能出现肺水肿。

烟碱样症状（N 样症状）：乙酰胆碱在横纹肌神经肌肉接头处过度蓄积并产生刺激，导致动物的面部、眼睑、舌头、四肢和全身横纹肌发生肌纤维颤动，甚至全身肌肉强直性痉挛。临床表现为全身紧束和压迫感，随后发生肌力减退，最终瘫痪在地。严重者出现呼吸肌麻痹以及呼吸衰竭。此外，由于交感神经节受到乙酰胆碱刺激，其节后交感神经纤维末梢会释放儿茶酚胺，致使血管收缩，引起血压升高、心跳加快和心律失常。

中枢神经系统症状：中枢神经系统受乙酰胆碱刺激后，动物可能出现头晕、头痛、疲乏、共济失调、烦躁不安、抽搐和昏迷等症状。

其他症状：包括中间综合征、迟发性神经病、过敏性皮炎等。

【诊断】

（1）病史调查　详细了解动物中毒发生的时间和地点、发病数量、死亡数量及既往病史；了解动物饲料种类以及保管和加工情况，分析饲料是否存在过期霉变的可能性；室内、庭院是否放置了灭鼠药；近期动物是否服用了驱虫药、抗生素等药物，剂量是否适当，服药时间有多长；了解附近有无工业废水排放、环境是否被污染等情况。

（2）临床检查　对中毒动物进行全面检查，动物常表现为瞳孔缩小、口腔有大蒜味、血压升高，以及消化道症状（呕吐、腹泻、腹痛等）、呼吸道症状（呼吸困难）和神经症状（流涎、运动失调、痉挛、抽搐、昏迷等）。根据收集到的症状表现，结合病史，逐渐缩小可疑毒物的范围，大致推断出中毒的种类，为临床急救提供依据。

（3）解剖检查　首先进行体表检查，注意被毛和口腔黏膜的颜色，然后对皮下脂肪、肌肉、骨骼、体腔、脏器进行检查。由于动物大多因消化道摄入毒物而中毒，所以检查消化道病变、内容物的颜色和性状对诊断具有重要意义。如果是有机磷中毒，内容物有大蒜气味；氰化物中毒有苦杏仁气味。中毒动物还常表现为消化道黏膜充血、出血和坏死，严重者还会发生穿孔。

（4）可疑饲料的毒物检测　采集中毒动物的呕吐物、胃洗出物、食物、血液、尿液等进行化验，死亡动物可对肝、肾等实质性器官进行检查。

（5）血清胆碱酯酶活性测定　胆碱酯酶是有机磷农药中毒的特异性标志酶，因此可以使用胆碱酯酶活性测定试纸检测血清胆碱酯酶活性。

（6）治疗性诊断　根据临床症状，通过治疗效果进行验证诊断，如治疗效果良好，可以根据此结果作出诊断。

【治疗】

治疗原则是以切断毒源、阻止或延缓机体对毒物的吸收、排出毒物、运用特效解毒药和对症治疗为主。首先应该切断毒源，停止毒物的继续接触或摄入；对于因皮肤接触引起的中毒，可用清水充分冲洗接触部位，避免继续吸收加重病情；因口服引起的中毒，未超过2h的可用催吐剂催吐或洗胃，同时配合吸附剂促进毒物的排出。

（1）除去尚未吸收的毒物　首先要远离毒物，清洗被毒物污染的区域；通过消化道进入机体的毒物可通过饮水催吐、洗胃、缓泻等促进排出；同时服用吸附剂来除去尚未吸收的毒物。

［处方1］0.2%～0.5%硫酸铜，口服。犬、猫：0.05～0.1g/次，口服。

［处方2］1%硫酸锌，0.2～0.4g/次，口服。

［处方3］0.1%～0.2%高锰酸钾，20～50mL灌肠洗胃。

［处方4］活性炭，吸附有机磷杀虫药使之从粪便排出。3～6g/kg，口服。

（2）特效解毒药

① 乙酰胆碱对抗剂：阿托品（M受体阻断剂）。治疗原则是及时、足量、重复给药。用量为 0.2mg/kg 静脉推注，当动物出现阿托品化时，逐渐减量至停止用药。需注意减量过快或停药过早，易引起"反跳"现象发生，即在当时中毒症状已经消失，但出院后出现病情加重甚至死亡。

② 胆碱酯酶复活剂：解磷定、氯磷定、双解磷。

③ 辅助治疗：呕吐、腹泻严重者需静脉输液治疗。加强肝脏解毒功能可使用保肝药，适量静脉滴注葡萄糖液、维生素C、葡醛内酯（肝泰乐）等。发生肺水肿时，静脉滴注高渗葡萄糖液。出现呼吸衰竭时，将动物移置于通风处，给予抗生素、镇静剂、强心剂、呼吸兴奋剂等。

【预防】

严格按照有机磷农药的说明书规范操作，不能随意加大剂量和浓度。药物要妥善管理，存放在家畜接触不到的位置，谨防误食。对于喷洒过有机磷农药的农田或牧草，应设立醒目的标识，标明喷洒农药的时间，并在 7d 内禁止动物采食。加强农药厂废水排放的处理和综合利用，并对周围环境进行定期监测，以减少有机磷农药对环境的污染。

第二节　敌草快中毒
（diquat poisoning）

敌草快（diquat，DQ）是一种非选择性脱叶干燥除草剂，属联吡啶类化合物。敌草快在 1958 年作为除草剂上市销售，是仅次于草甘膦和百草枯的第三大除草剂。按照我国农药毒性分级标准，敌草快属于中等毒性。我国于 2016 年停止对百草枯的销售和使用，这一举措却导致敌草快中毒病例逐渐增加。敌草快中毒由于致死率高且缺乏特效解毒药，已经成为现代中毒治疗学的研究热点。

【病因】

犬、猫敌草快中毒的原因主要有：

（1）口服　犬、猫误食被敌草快污染的食物或直接吞食敌草快导致中毒。

（2）皮肤接触　犬、猫可能通过接触被敌草快污染的表面而中毒。例如在喷洒过敌草快的区域活动后，犬、猫皮肤和毛发上可能沾染了敌草快，通过舔舐皮肤或毛发而导致中毒。

（3）黏膜接触　通过眼睛、鼻腔或口腔等黏膜接触敌草快而导致中毒。

（4）呼吸道吸入　在喷洒敌草快的过程中，犬、猫可能通过吸入悬浮在空气中的敌草快微粒而中毒。

（5）特殊途径　犬、猫还可能通过其他特殊途径接触敌草快，例如通过阴道接触或眼部直接接触等。

【发病机理】

敌草快通过扩散作用穿过细胞膜的磷脂双分子层（少数通过主动转运方式进入细胞）而进入细胞，此后在还原型辅酶Ⅱ（NADPH）和细胞色素 P450 还原酶的作用下，通过单电子加成反应，形成单价的 DQ^+ 产物。DQ^+ 产物极不稳定，在分子氧的作用下，能够把电子转移给分子氧并生成超氧阴离子自由基，而自身转化成高价的 DQ^{2+} 产物。DQ^{2+} 产物在细胞色素 P450 还原酶的作用下再次转化为单价的 DQ^+ 产物，此产物继续与分子氧结合，持续产生超氧阴离子自由基。因此，敌草快也被称为"氧化还原循环剂"。在循环式的氧化还原反应中，NADPH 和细胞色素 P450 等不断被消耗，活性氧等物质不断被产生。活性氧在超氧化物歧化酶（SOD）的作用下生成过氧化氢，过氧化氢在铁离子（Fe^{2+}）的帮助下转化为活性更高的羟基自由基。因此，摄入敌草快会导致活性氧和羟基自由基的大量产生，这些物质会攻击生物膜的脂质链，导致细胞的膜性结构损伤。此外，还原型辅酶Ⅱ（NADPH）和细胞色素 P450 还原酶的大量消耗，还会导致呼吸链的功能障碍。

【临床症状】

（1）局部腐蚀性损伤 皮肤接触敌草快后产生局部腐蚀，眼部接触后可出现结膜充血、水肿以及眼睑炎等症状。

（2）胃肠道 胃肠道症状是口服敌草快中毒最早期的、最突出的临床表现。中毒动物主要表现为食管炎、消化道溃疡、恶心呕吐、腹痛腹泻、肠麻痹等。

（3）肾脏 主要表现为少尿、无尿、血尿、蛋白尿、氮质血症、急性肾功能衰竭等。

（4）肺脏 主要表现为咳嗽、咳痰、呼吸困难等。

（5）肝脏 转氨酶、碱性磷酸酶及胆红素含量升高。

（6）中枢神经系统症状 敌草快对中枢神经细胞具有毒性，其临床表现为头晕、癫痫样发作、昏迷等，部位多见于脑干，病理机制尚不明确。

（7）循环系统 主要表现为休克、恶性心律失常，这也是导致中毒动物死亡的直接原因之一。

【诊断】

（1）病史调查 详细了解动物中毒发生的时间和地点、发病数量、死亡数量及既往病史；确认是否存在误食或接触敌草快的可能性。

（2）临床检查 对中毒动物进行全面检查，根据临床症状，结合病史，逐渐缩小可疑毒物的范围，大致推断出毒物的种类，为临床急救提供依据。

（3）解剖检查 首先进行体表检查，注意被毛和口腔黏膜的色泽，然后对皮下脂肪、肌肉、骨骼、体腔、脏器进行检查。因动物大多因消化道摄入毒物而中毒，所以检查消化道病变、内容物色泽和性状等对诊断有重要意义。

（4）可疑饲料的毒物检测 采集中毒动物的呕吐物、胃洗出物、食物、血液、尿液等进行化验，死亡动物可采集肝、肾等实质器官进行检查。

（5）实验室检测 使用半定量比色方法检测尿液中的敌草快。

碳酸钠/连二亚硫酸盐试验也可作为一种定性的临床检查检测尿样中的敌草快。此外，敌草快属于季铵盐阳离子，分子量较小，还可以使用液相色谱法、固相萃取法、气相色谱法、液相色谱-质谱联用法、气相色谱-质谱法、电泳法、分光光度法、紫外分光光度法和二阶导数光谱法等进行检测。

【治疗】

（1）减少敌草快的吸收并加快其排出　首先，让中毒动物远离毒源。由于敌草快可引起消化道黏膜损伤并加速胃排空，因此可以在摄入后 1h 内进行洗胃。此外，蒙脱石散、活性炭等吸附剂能够减少胃肠道对敌草快的吸收。洗胃后还需进行导泻处理，但需密切监测电解质平衡，以防电解质丢失和内环境紊乱。

（2）药物治疗　敌草快中毒的治疗关键是提高宿主抗氧化能力和消除炎症反应。维生素 C 作为临床常用的抗氧化剂，可用于治疗敌草快中毒。糖皮质激素作为急性和慢性炎症的经典治疗药物，理论上适用于敌草快中毒后引发的急性炎症反应。

（3）综合治疗　治疗的重点在于保护重要脏器（心脏、肝脏、肾脏）功能，维持水、电解质和酸碱平衡。

【预防】

对药物进行妥善管理，将其放置于动物接触不到的区域；在刚喷洒过农药的农田或者牧草边设置醒目的标识，标记喷洒农药的时间，以及禁止动物采食；在户外活动时，特别是靠近农田或草地时，密切监督宠物，确保它们不会接触到最近喷洒过敌草快的区域。

第三节　双甲脒中毒

(amitraz poisoning)

双甲脒是一种低毒、高效、广谱的外用杀虫剂，常用于宠物体外寄生虫的驱除。双甲脒药效期可达 40～50d，并可与有机磷和菊酯类、阿维菌素等药物混用，起到增效和扩大杀虫谱的作用。然而，双甲脒的不合理使用同样可以导致犬、猫的中毒。

【病因】

双甲脒常用于宠物的药浴驱虫，犬、猫可通过舔舐被双甲脒污染的食物或饮水以及皮肤渗透而引起中毒。现在，大多数病例往往是由于宠物主人未遵循医嘱，使用不当而导致宠物中毒。

【发病机理】

双甲脒是一种接触性广谱杀虫剂，其作用机制尚不清楚。研究显示，双甲脒可作为中枢神经系统 α_2-肾上腺素受体激动剂和弱单胺氧化酶抑制剂，抑制单胺氧化酶活性，影响交感神经系统，使脑内 5-羟色胺和去甲肾上腺素浓度升高，导致脑内血管麻痹性扩张，血管通透性增加，从而引起脑水肿。双甲脒的代谢产物在体内可氧化为苯胺等衍生物，从而产生高铁血红蛋白血症，引起发绀。此外，双甲脒的代谢产物还会损害膀胱黏膜，导致出血性膀胱炎，并影响肝脏和使心肌收缩功能减弱。

【临床症状】

临床症状一般在进食后 0.5～2h 内出现，但也可延迟至 10～12h。中毒动物首先出现精神沉郁、活动减少、共济失调等症状，偶尔出现兴奋和躁动。此外，中毒动物还可能出现瞳孔扩大、流涎、呕吐、腹泻、呼吸困难、心动过缓、血糖升高、血压上升或下降、体温过低或过高等症状。如果未能及时治疗，这些症状通常会持续 3～7d。

【病理变化】

中毒动物血液呈暗红色，出现弥漫性血管内凝血；胃肠道黏膜有出血点，严重者出现充血、出血，甚至坏死；膀胱黏膜有出血点。

【诊断】

（1）用药史调查　了解动物短期内是否使用过双甲脒进行体表驱虫，是否进行过双甲脒药浴。

（2）临床检查　进行全面检查，中毒动物常表现出精神沉郁、共济失调、多涎、呕吐、腹泻、多尿等临床症状。

（3）实验室检查　采集中毒动物的血液进行血常规和生化检查。双甲脒中毒动物血清中 ALT、AST、白细胞、淋巴细胞水平会升高。

【治疗】

（1）清除体表毒物　使用温水冲洗动物全身清除毒物，减少皮肤对双甲脒的吸收。

（2）解毒　对于中毒的早期阶段，动物还未出现临床症状，且摄入的剂量不足以对动物构成危险时，可以用吸附剂进行解毒，给予一次性剂量的活性炭和泻药，吸附毒物并加速其排出。

双甲脒中毒没有特效的解毒药。可以使用 α_2-肾上腺素受体拮抗剂进行治疗，如使用阿替美唑 $50\mu g/kg$ 或育亨宾 $0.1mg/kg$，但由于这些药物的半衰期短于双甲脒，因此在治疗过程中需要多次使用。同时需要静脉注射葡萄糖溶液，以维持机体渗透压平衡。

对于已出现临床症状的动物，不建议进行催吐。此外，临床上双甲脒中毒不建议使用甲苯噻嗪或美托咪定进行催吐。猫使用甲苯噻嗪催吐，会引起严重的中枢神经抑制和继发性吸入性肺炎。

如果动物病情稳定，仅体表局部接触毒物，可以用温水和洗洁精清除毒物；如果宠物吞入含双甲脒的项圈等物体，除了进行解毒，还要通过手术将物体取出。

（3）对症治疗　若中毒动物血压较低，可以使用升血压药物帮助其血压恢复；若中毒动物出现震颤、癫痫，可使用地西泮或巴比妥类药物镇静；若中毒动物长时间呕吐，可使用昂丹司琼、马罗匹坦、胃复安等止吐药。

（4）护理　宠物中毒后应保持安静，在出院后方可恢复正常活动和正常饮食，如果胃肠道症状严重且持续多天，可先给予清淡的饮食，再逐步恢复正常饮食。

【预防】

自行购买使用双甲脒时，将其放置在宠物不易接触的地方。此外，进行药浴时将宠物清洗干净，防止宠物舔舐或者经皮肤吸收导致中毒。

第四节　除虫菊酯中毒

(pyrethrin poisoning)

除虫菊酯是一种广泛使用的植物源杀虫剂，是除虫菊花精油的主要成分。日常生活中使用的一些蚊香、杀虫剂、治疗猫癣及消除跳蚤的外用药，都含有除虫菊酯的成分。除虫菊酯对大多数哺乳动物没有毒性，但可以导致猫中毒。这是因为猫体内缺乏葡糖醛酸基转移酶，致使其降解除虫菊酯的能力低于其他动物。此外，除虫菊酯对一些小型犬也表现出毒性作用。

【病因】

猫的除虫菊酯中毒通常是由于误食、吸入或皮肤渗透毒物而中毒，常见原因包括在密闭环境中使用含有除虫菊酯的驱蚊产品、错误对猫使用犬用驱虫药或项圈，以及与使用过此类产品的犬只密切接触

【发病机理】

拟除虫菊酯类药物可以刺激中枢神经系统、周围神经系统、小脑、脊髓和锥体外系统，选择性地阻止小脑神经细胞膜中的钠通道关闭，导致钠通道持续开放，动作电位的去极化延长，从而引发周围神经的重复放电和脊髓的反复放电。这种情况会增加周围神经和延髓神经的兴奋性，进而引起一系列临床症状。

【临床症状】

根据拟除虫菊酯中毒的诊断标准，可分为轻度、中度、重度三个等级。轻度中毒主要表现为全身症状以及胃肠道症状，如沉郁、流涎、呕吐、厌食等，此外还会出现皮肤症状，如瘙痒等；中度中毒主要表现为在轻度中毒症状的基础上，出现如肌肉肌纤维颤动等神经症状；重度中毒除了上述症状之外，还可能伴有呼吸衰竭、肺水肿、休克、昏迷、阵发性抽搐、肝肾功能损害等，严重时可能导

致死亡。经口摄入除虫菊酯导致的中毒，通常在 10min 到数小时内出现临床症状，主要表现为前腹部疼痛、呕吐等消化道反应。经眼接触导致的中毒可立即引起眼部不适、眼睑发红、水肿并伴随畏光等症状，消化道反应相对较少。

【诊断】

（1）询问病史 详细了解动物中毒发生的时间，是否有接触毒物的机会，可能接触过哪些毒物，毒物进入机体可能的途径和数量等。

（2）临床检查 犬、猫主要症状表现为流涎、呕吐、神态恍惚、腹泻、抽搐、极度兴奋、共济失调。根据收集到的症状表现，结合病史，逐渐缩小可疑毒物的范围，大致推断出中毒的种类，为临床急救提供依据。检查在日常生活中是否使用过蚊香和蚊香液，以及是否使用过杀虫剂等。

（3）解剖检查 首先进行体表检查，注意被毛和口腔黏膜的色泽，然后是神经系统、肝脏等脏器检查。因动物大多经消化道摄入毒物而中毒，所以检查消化道病变以及内容物色泽和性状等对诊断有重要意义。除虫菊酯主要经肾脏代谢排出，少数随粪便排出，因此检查尿液与粪便十分必要。

（4）治疗性诊断 根据临床症状，通过治疗效果进行验证诊断，如治疗效果较好，可据此作出诊断。

【治疗】

治疗原则是以切断毒源、阻止或延缓机体对毒物的吸收、促进毒物排出、运用特效解毒药和对症治疗为主。具体步骤如下：

（1）切断毒源 立即停止与毒物的接触或摄入，停止蚊香和杀虫剂的使用。

（2）阻止或延缓机体对毒物的吸收 清洗污染部位，对于皮肤接触中毒，用大量清水彻底冲洗受污染的皮肤和毛发。

（3）促进毒物排出 对于口服中毒且不超过 2h 的病例，可使用催吐剂催吐或进行洗胃；使用缓泻剂帮助排出消化道中的毒物；服用吸附剂除去尚未吸收的毒物。

（4）特效解毒药　美索巴莫是治疗的首选药物，剂量为 50～200mg/kg。对于出现癫痫症状的猫可以使用安定 0.5～1.25mg/kg。

【预防】

加强对除虫菊酯类药物的存放和使用管理，防止药物污染宠物的饮食及活动区域。同时，禁止动物接触刚使用药物不久的区域。此外，使用该类药物对房屋灭虫时应避免宠物进入，灭虫后应加强通风并擦洗地面、墙壁等。对宠物药浴时应按规定操作，防止药物进入口腔和眼睛，并及时清洗及烘干被毛。

第五节　腈菌唑中毒

(myclobutanil poisoning)

腈菌唑（myclobutanil，MT）是一种高效低毒的农用杀菌剂，其化学名称为 1-(4-氯苯基)-2-(1H-1,2,4-三唑-1-甲基) 己腈，具有强内吸性、高效、广谱等特点，广泛用于防治各种农作物的真菌感染。腈菌唑也是一种应用广泛的手性杀菌剂，其手性对映体为（＋）-腈菌唑（MT1）和（－）-腈菌唑（MT2）。腈菌唑的手性单体具有不同的生物活性。若误食、误触或吸入腈菌唑会对皮肤和眼睛黏膜产生强烈的刺激作用，接触过量还会出现多动症状。此外，腈菌唑杀菌剂的大量使用可能会破坏陆地生态系统的平衡，因此应当合理使用。

【病因】

犬、猫可通过食入、吸入或皮肤接触腈菌唑导致中毒。具体中毒原因包括宠物误食被腈菌唑污染的食物（如蔬菜、水果等）、误用沾染腈菌唑的玩具或容器、腈菌唑不慎喷溅进入宠物的眼睛、不恰当地使用腈菌唑进行驱虫或灭蚊，以及人为投毒等。

【发病机理】

腈菌唑可以抑制与膜性能有关酶的活性，并损伤细胞膜的结构和功能，最终导致细胞死亡。腈菌唑还可以扰乱肝脏细胞色氨酸的代谢，使色氨酸代谢的中间产物犬尿氨酸含量明显增加，激活的犬尿氨酸途径可能是腈菌唑发挥毒性作用的潜在机制之一。此外，腈菌唑还能够诱导肝细胞脂肪变性，降低肝细胞的再生能力，促使肝细胞凋亡，导致肝脏病变。

【临床症状】

动物腈菌唑中毒的主要临床症状为腹痛、腹泻、麻痹性肠梗阻和肠道感染等。此外，中毒的动物还表现为肝、肾、胰、心脏器官功能严重受损，以及呼吸系统障碍。

【诊断】

（1）病史调查　问诊，询问是否有接触腈菌唑的生活史，详细了解宠物中毒发生的时间、地点和既往病史，分析宠物食物是否存在过期霉变的可能，以及是否有接触腈菌唑的可能，了解生活庭院内是否放置腈菌唑等药物，了解附近环境中是否存在工厂排放的工业废水等。

（2）临床检查　对中毒动物进行全面检查，检查皮肤、眼睛等可见黏膜是否有受到严重的刺激而出现应激反应；触诊观察腹部是否出现敏感，是否存在腹痛或腹泻；是否出现呼吸困难；是否出现不安、流涎、运动失调、痉挛、抽搐、昏迷等。根据观察收集到的症状现象，结合病史，逐渐缩小可疑毒物范围，大致推测出毒物的种类，以便于后期的临床治疗。

（3）解剖检查　首先进行体表检查，检查被毛是否柔顺，是否出现被毛硬化、被毛立起的情况，观察可视黏膜是否出现潮红或者发绀；然后对皮下脂肪、肌肉、骨骼、脏器等内部器官进行检查。动物若因口腔摄入毒物过多而出现中毒症状，消化道等系统的检查则具有重要意义。

（4）实验室检测　采集可疑食物或饲料进行实验室检测。同时，还需采集中毒动物的唾液、尿液、粪便、呕吐物、血液等进行化验。

（5）治疗性诊断　根据临床症状，通过治疗效果进行验证诊断，如治疗效果确实，可据此作出诊断。

【治疗】

目前，腈菌唑中毒尚无特效解毒药物，治疗遵循对症治疗的原则。具体治疗措施包括：切断毒源，阻止毒物继续入侵；进行洗胃、灌肠，配合吸附剂等促进毒物排出；充分清洗皮肤黏膜和被毛，防止毒物继续感染导致病情加重；对症治疗。

【预防】

腈菌唑作为农用杀菌剂被广泛使用，在使用过程中首先需加强监督，防止宠物误吸或误食；其次要严格按照说明书规范操作使用，切勿随意加大剂量和浓度，以免对动物健康和环境安全造成威胁；最后，应在喷洒过腈菌唑的农田或者牧场设置醒目的标识以及防止宠物采食。

第六节　三氮脒中毒

(diminazene aceturate poisoning)

三氮脒又名贝尼尔、血虫净，属于芳香双脒类，是广泛使用的广谱抗血液原虫药，对梨形虫、锥虫和巴西虫等均有治疗作用。然而，三氮脒毒性大，安全范围小，有时仅使用治疗剂量即可引起动物出现起卧不安、频频排尿、肌肉震颤等不良反应。此外，注射部位可出现不同程度的肿胀，但 7～8d 后可逐渐消失。本品对宠物巴贝斯虫病使用的剂量为 3.5～3.8mg/kg，对重症病例或泰勒虫病使用剂量为 7mg/kg，每日一次，连用 3～4d 为一个疗程。本品临用前需以注射水配成 5%～7% 溶液，做分点深部肌内注射或皮下注射。临床上三氮脒中毒主要是由于三氮脒过量使用所致。

【病因】

三氮脒中毒的原因可归纳为：

① 过量使用三氮脒导致动物中毒。犬常用剂量为 3.5mg/kg，

最大耐受剂量分别是肌内注射 20mg/kg 和静脉注射 12.5mg/kg。若剂量超过犬的承受范围，则可能会引起中毒。

② 动物个体差异使得不同动物具有不同的耐受剂量，若不加以甄别，容易导致中毒。

③ 长时间使用三氮脒导致毒物在体内蓄积引起中毒。三氮脒代谢缓慢，重复用药容易造成药物蓄积中毒。

【发病机理】

三氮脒中毒机制目前尚不清楚。但调查发现，肌内注射三氮脒可对局部组织产生刺激作用，静脉注射会对血管内皮细胞产生刺激作用，长时间或较大剂量使用会导致血管内皮细胞变性、通透性增加，从而导致组织器官广泛出血。

【临床症状】

轻度三氮脒中毒动物表现为坐立不安，前肢刨地，频频排尿，心跳、呼吸加快，流涎，盲目转圈，肌肉轻微震颤，1～2h 后可逐渐恢复正常。

重度三氮脒中毒动物表现为食欲废绝、精神沉郁、呆立、肠音废绝、粪便干燥、肌肉震颤、步态不稳、共济失调、反应迟钝、黏膜发绀、转圈或盲目前冲，若不及时治疗可导致死亡。

【诊断】

（1）病史调查 了解中毒动物最近有无使用三氮脒的历史，及其使用剂量、使用时长等。

（2）临床检查 进行体格检查并结合本病的临床症状，作出初步诊断。若发现明显的中毒症状，应迅速作出判断并及时治疗。

（3）进行实验室检查 实验室检查包括血细胞计数、血清电解质检查、血糖检测、尿常规检查、心电图检查等。必要时检测组织和血液中三氮脒的含量。

（4）进行病理剖检 犬剖检可见肝脏和脾脏发青、质硬；肾脏皮质和髓质交界处弥漫性出血；肠系膜淋巴结水肿、出血；肝脏、肾脏、肌内和心肌发生脂肪变性。

【治疗】

本病尚无特效解毒药。主要采取对症和支持治疗及促进药物排出的措施，如补液、解毒、排毒、保肝、止痛、解痉挛等。

采取常规解毒治疗，在停止用药的基础上，使用解毒药物如维生素 C、25％～50％的葡萄糖注射液、谷胱甘肽、细胞色素 c、ATP、辅酶 A、利尿剂等。也可使用阿托品解毒，并强心、补液，配合使用维生素 C、ATP 等，以提高疗效。

出现呼吸困难的可选用尼可刹米、氨茶碱等；出现心衰可选用强尔心、肾上腺素等；出现痉挛抽搐可选用镇静药如安定、氯丙嗪、硫酸镁注射液等；出现神经症状，如眼球震颤、目光呆滞、无法站立等，可添加甘露醇 100mL 静脉注射，以降低颅内压。

针灸治疗，针对患有严重的中枢神经症状的犬，于中毒后第 4 天开始进行针灸治疗。以人中、天门为主穴，缓刺法进针后，留针 20min，每间隔 5min 提、插、捻 1min，每天 2 次，连续 7d。

【预防】

三氮脒作为广谱抗血液原虫药被用于宠物驱虫，但三氮脒毒性较大且安全范围小。因此，要严格按照三氮脒的说明规范操作并控制用法、用量及用药时间。

第七节　百草枯中毒

（paraquat poisoning）

百草枯是一种广谱除草剂，又称巴拉利。其在酸性和中性溶液中稳定，遇碱容易水解。该产品有二氯化物和双硫酸甲酯盐两种，化学上属联吡啶杂环化合物。百草枯毒性极大且缺乏有效的治疗措施，中毒后致死率很高，因此在欧美国家已禁止生产和使用。我国于 2020 年 11 月全面禁止百草枯在国内的使用，但因其价格低廉、起效快，目前在发展中国家仍被广泛用于农业生产。百草枯毒性极强，它可以通过多种途径被动物机体吸收，小剂量就可以对动物造成致命性损伤，导致一系列并发症，包括急性呼吸窘迫综合征、肝中毒、肾衰竭和肺纤维化等。

【病因】

百草枯中毒可能的原因可归纳为：

① 百草枯产品储存不当或泄漏，宠物意外接触导致中毒。

② 将宠物带入喷洒过百草枯农药的农田、菜地中活动，宠物意外采食喷洒有百草枯农药的植物导致中毒。

③ 宠物活动区域使用百草枯农药，或宠物接触了宠物主人使用百草枯农药后的衣物及用具等。

④ 人为投毒。

【发病机理】

百草枯中毒是一种全身性中毒性疾病，口服后经消化道吸收$5\%\sim15\%$，血浆中百草枯浓度在$0.5\sim4.0h$达到峰值。吸收后的百草枯可广泛分布于各个器官，但肺组织对百草枯吸收较多，肺组织中百草枯浓度在中毒后15h左右达到峰值，是血浆中百草枯浓度的$10\sim90$倍。肺组织中百草枯主要集中在Ⅰ型和Ⅱ型肺泡上皮细胞中，能够导致活性氧的大量产生和氧化应激。氧化应激不仅能够损伤细胞防御机制，而且还可以诱导肺组织损伤，包括肺泡充血、水肿，肺泡壁结构破坏以及各种炎症细胞的浸润和渗出，最终可能发展为成纤维细胞增生和过度胶原沉积，导致肺功能丧失。

【临床症状】

百草枯毒性极大，中毒后具有病情重、进展迅速、多脏器损害、死亡率高、社会危害大等特点。百草枯中毒宠物可在24h内发生肺水肿、急性呼吸窘迫综合征（ARDS），并在数天内死亡；中毒后的$2\sim7d$动物开始表现出呼吸急促、呼吸困难和发绀。如果中毒动物存活，则发展为弥漫性肺泡间隔纤维化和代偿性Ⅱ型肺细胞增生，随后是肺纤维化（慢性期）。5d至数周后发生难治性低氧血症和死亡。口咽和胃肠道炎症、溃疡和脱落通常在接触百草枯后的最初几天内观察到，也可能发生急性肾小管坏死的体征。

【诊断】

（1）询问病史　详细了解动物中毒发生的时间，是否有接触毒物的机会，可能接触过哪些毒物，毒物进入机体可能的途径和数量等。

（2）临床检查　犬、猫主要症状表现为消化道黏膜损伤、呼吸困难、咳嗽、胸闷、发绀等。根据收集到的症状，结合病史，逐渐缩小可疑毒物的范围，大致推断出毒物的种类，为临床急救提供依据。

（3）解剖检查　剖检中毒犬可观察到肺脏为暗黑色橡胶状，并伴有出血和实质性病变。此外，也会观察到胸膜炎、胸腔积液和胃肠道刺激性病变。通过显微镜可以观察到中毒犬肺泡毛细血管充血、水肿和塌陷，肺泡管和终末细支气管过度扩张，肺脏呈典型的蜂窝状外观。细支气管上皮细胞坏死脱落并进入管腔。

（4）治疗性诊断　根据临床症状，通过治疗效果进行验证诊断，如治疗效果较好，可据此作出诊断。

【治疗】

百草枯中毒目前没有特效解毒剂，主要遵循对症治疗的原则。具体包括切断毒源，阻止毒物进一步入侵；早期催吐以达到迅速清除胃内毒物，减少毒物吸收的目的；进行洗胃、灌肠等，同时配合吸附剂以促进毒物排出；对症治疗，包括镇痛、减轻肺部炎症和避免纤维化、减轻胃肠道溃疡；对于无法进食或不愿进食的宠物可通过鼻饲管插管进食以补充营养。

【预防】

百草枯毒性极强，可以通过多种途径被动物机体吸收，小剂量就可对动物造成致命性损伤。因此，在日常生活中需防止百草枯污染宠物的饮食及活动区域。同时，禁止动物在刚使用百草枯不久的田野及草地活动等。此外，应提供给宠物清洁健康的饮食，避免食用含有百草枯残留的食物。

第八节　有机氯杀虫剂中毒

（organochlorine pesticides poisoning）

有机氯杀虫剂是一种由人工合成的具有广谱杀虫效果的化学杀虫剂，其基本结构为具有氯取代基的碳氢化合物。有机氯杀虫剂根据化学结构可以分为氯化苯类和氯化亚甲基萘类。氯化苯类包括滴滴涕（dichlorodiphenyltrichloroethane，DDT）、六氯环己烷（hexachlorocyclohexane，HCH）、六氯苯（hexachlorobenzene，HCB）等，氯化亚甲基萘类包括氯丹、狄氏剂、硫丹、七氯等。其中DDT是最早合成的有机氯杀虫剂，具有高效广谱的杀虫效果并被广泛应用于农业病虫害的防治。有机氯杀虫剂性质稳定，不易分解，能长期在水体、土壤和生物体内储存，特别是在食物链中有极强的生物放大作用，对生物体毒性很大，是典型的持久性有机污染物。然而，有机氯杀虫剂大量使用或者被动物接触或误食可能会导致中毒。

【病因】

动物可能会因误食含有有机氯杀虫剂的食物和饮水导致中毒。此外，动物在刚喷洒过有机氯杀虫剂的区域活动，皮肤和毛发上可能会沾染杀虫剂，此时若不及时清洗，有机氯杀虫剂可能会通过皮肤和消化道进入身体导致中毒。

【发病机理】

有机氯杀虫剂是一类脂溶性、接触性毒物，可从呼吸道、消化道、皮肤进入体内。其可溶于有机溶剂或油类中，若与富含脂肪的饲料同食，则更易被吸收而毒性剧增，如DDT油剂的毒性约为水剂的10倍。由于其为脂溶性物质，故对富含脂肪的组织具有特殊亲和力，被吸收后主要蓄积于脂肪组织中，部分经过生物转化后排出体外，主要排出途径为肾脏，呼气、尿、粪、乳汁、皮肤分泌物和胎盘也可排出少量。当体内蓄积达到一定量时，就会损害中枢神经、肝脏、甲状腺等，从而引起中毒。

进入血液循环中的有机氯分子（氯化烃）可与基质中的氧活性原子作用而发生去氯的链式反应，产生不稳定的含氧化合物，然后缓慢分解形成新的活化中心（阴离子自由基），强烈作用于周围组织，引起严重的退行性变化（组织变性、坏死）。其主要损害富含脂肪的神经系统、肝、肾及心脏。

有机氯对神经系统毒害作用的主要部位为大脑运动中枢及小脑，使其兴奋性增高，甚至引起惊厥，同时伴有大脑皮质及植物神经功能紊乱，亦可累及脊神经；对肝、肾、心脏等器官，则可促使发生营养不良性病变。

也有研究认为有机氯农药可以抑制 Na^+，K^+-ATP 酶活性，影响 Na-K 泵的供能和细胞膜去极化作用，使 Na^+ 外流和 K^+ 内流抑制。在神经系统，有机氯农药可使神经细胞丧失极化和去极化过程，导致神经细胞刺激阈值下降，神经末梢始终处于兴奋状态，表现为肌肉震颤。

【临床症状】

有机氯杀虫剂中毒的宠物初期通常表现为精神沉郁和过敏。随后，中毒动物会变得越来越激动、无约束力、不配合和攻击性增强。中毒动物的头部和颈部开始出现震颤，然后逐渐转变为全身性的震颤。部分中毒动物还有可能出现姿势异常、痉挛步态和连续咀嚼运动，最后出现抽搐、昏迷甚至死亡。其他中毒症状包括耳鸣、无力、感觉异常、呕吐、呼吸抑制等。

【诊断】

（1）询问病史　详细了解动物中毒发生的时间，是否有接触毒物的可能性，可能接触过哪些毒物，毒物进入机体的途径和数量等。

（2）临床检查　根据收集到的临床症状，结合病史，逐渐缩小可疑毒物的范围，大致推断出毒物的种类，为临床急救提供依据。检查在日常生活中是否使用了有机氯杀虫剂，以及宠物是否有接触有机氯杀虫剂的机会等。

（3）治疗性诊断　根据临床症状，通过治疗效果进行验证诊断，如治疗效果确实，可据此作出诊断。

【治疗】

目前尚无有机氯杀虫剂中毒的特效解毒剂。临床上常用的治疗方案是对症和支持疗法，旨在防止宠物进一步吸收毒物。

（1）中毒的动物可给予镇静麻醉药（如巴比妥酸盐）或肌肉松弛剂（如美索巴莫）以减少抽搐。但是，禁止用吩噻嗪类镇静剂和拟肾上腺素药物。

（2）因为一些有机氯杀虫剂具有呼吸镇静作用，因而可以通过鼻管给宠物补充氧气，若宠物昏迷，可进行气管插管。

（3）如果怀疑宠物中毒方式是经口摄入，应给予吸附剂（如活性炭或消胆胺）、泻药等。如果毒物是经皮肤渗入，则应用肥皂和清水彻底清洗暴露部位。

【预防】

宠物主人需加强对有机氯杀虫剂的存放和监管，防止药物污染宠物的饮食及活动区域。同时，禁止动物接触刚使用有机氯杀虫剂的区域。此外，应尽量提供给宠物清洁健康的饮食，避免其食用含有机氯杀虫剂残留的食物。

【复习思考题】

1. 常见的能够引起动物中毒的农药有哪些？
2. 如何鉴别和区分农药中毒的种类？
3. 总结预防农药中毒的措施有哪些。

| 第八章 |

动物毒物中毒

◉【本章导读】

　　动物毒物中毒是指体内携带毒汁或毒素的动物（如蜘蛛、蛇、蜂、蝎、蜈蚣、蟾蜍等）通过咬伤、刺蜇等多种途径侵害其他动物机体而导致的中毒。犬、猫在户外活动时可能会受到这类有毒动物的攻击而导致中毒。那么，中毒后会出现怎样的临床症状和病理变化呢？如何诊疗犬、猫的这类中毒病并积极预防呢？本章将一一解答这些问题。

◉【学习目标】

　　1. 了解常见的含有毒物的动物种类，并熟练掌握这些知识内容。

　　2. 掌握动物毒物中毒的鉴别诊断方法及常见的临床症状，掌握动物毒物中毒的治疗方法。

◉【本章概述】

　　绝大多数动物毒物属于有毒的蛋白质，这些毒物能在被叮咬、刺、蜇部位或消化道内发挥其毒性作用。毒物被机体吸收后能够很快引起患病动物出现血液损害（溶血、凝血）、实质器官损伤（肾炎或肾病）、神经损害（变性或坏死），甚至出现休克和死亡。鉴于这些有毒动物在日常生活中十分常见，犬、猫接触到它们的概率大，且其对宠物的健康威胁较大，有必要了解常见的不同种类的有毒动物，并对动物毒物中毒进行鉴别诊断和治疗。

第一节　蜘蛛毒中毒
（spider venom poisoning）

　　引起蜘蛛毒中毒的蜘蛛通常分为两种，即黑寡妇蜘蛛和棕色隐士蜘蛛。幼年的雌性黑寡妇蜘蛛是褐色的，带有红色、橙色的条纹，但随着年龄增长颜色逐渐变深，条纹变为沙漏状。雄性黑寡妇蜘蛛为棕色，没有沙漏状标记。与雄性黑寡妇蜘蛛相比，雌性黑寡妇蜘蛛危险性更高，因为雌性黑寡妇蜘蛛有更突出的毒腺、更长的獠牙，且身体大小可达雄性的 20 倍。棕色隐士蜘蛛是一种长约 8~13mm，腿长约 20~30mm，颜色为深棕色，头胸部有小提琴状花纹的蜘蛛。棕色隐士蜘蛛主要分布在欧洲、非洲、北美洲和南美洲的温带地区。棕色隐士蜘蛛毒液毒性在蛛形纲动物中是最强的，能够对其他动物的健康构成巨大威胁。

　　【病因】

　　黑寡妇蜘蛛通常出没于室外的落叶、杂物堆以及室内橱柜下的黑暗角落处。犬、猫由于好奇心强，可能会攻击或者接触黑寡妇蜘蛛。此时，黑寡妇蜘蛛可能会感觉自己受到威胁，进而攻击犬、猫引起中毒。棕色隐士蜘蛛一般在夜间活动，多隐藏在黑暗的区域如枯木、树皮、岩石下。棕色隐士蜘蛛只会在受到干扰的情况下才会主动发起攻击，攻击后立即离开。犬、猫在夜间活动时可能会误入棕色隐士蜘蛛的领地而被攻击导致中毒。

【发病机理】

黑寡妇蜘蛛的毒液是多种生物活性蛋白质、多肽和蛋白酶的混合物,其中包含一种蛋白质神经毒素,称为 α-黑寡妇蜘蛛毒素。黑寡妇蜘蛛毒素作用于脊椎动物神经突触时,可打开阳离子选择性通道,引起突触前膜去极化,从而导致乙酰胆碱和去甲肾上腺素大量释放。而 Ca^{2+} 则可通过毒素诱导生成的离子通道流入,导致持续性肌肉痉挛,并能触发细胞发生顶体反应。此外,毒液中也被证明具有纤维蛋白原和其他蛋白水解活性,对细胞外基质蛋白如纤维连接蛋白、层粘连蛋白、Ⅳ型胶原和纤维蛋白原显示出特异作用,可导致局部组织炎症和疼痛。

棕色隐士蜘蛛的毒液是蛋白酶和磷脂酶的混合物,易引起局部和全身的临床症状。鞘磷脂酶 D 存在于毒液中,可引起血小板聚集,并导致细胞凋亡以及皮肤坏死的免疫反应。在对毒液的反应程度和敏感性方面,不同物种之间存在巨大的差异。在注射相同剂量的毒液时,犬的皮肤坏死程度较兔轻。

【临床症状】

黑寡妇蜘蛛毒中毒的临床症状通常在 30min 到 2h 之内出现,且症状一般持续 48～72h。常见的临床症状包括皮肤刺激、红斑、疼痛、水肿、腹痛、肌肉疼痛和痉挛、腹泻、流涎、焦躁不安、死亡前表现潮式呼吸等。猫对黑寡妇蜘蛛毒液非常敏感,中毒后一般难以存活。

棕色隐士蜘蛛毒中毒初期疼痛比较轻微,只出现轻度水肿或红斑。中毒 3～8h 内,叮咬区域出现瘙痒、疼痛、肿胀以及坏死。中心区域可能形成囊泡,随后变为黑色结痂。病灶周围的组织结痂在 2～5 周后可能脱落,留下一个愈合缓慢的溃疡。中毒 6～72h 后可能出现全身症状,如心动过速、发烧、呕吐、呼吸困难、溶血性贫血、肾衰竭、昏迷等。

【诊断】

黑寡妇蜘蛛毒中毒:检查有无腹部压痛、局部压痛和淋巴结压痛。同时,监测血压和心跳。黑寡妇蜘蛛毒中毒会导致疼痛、血压升高和心跳加快。检测白细胞、肝酶、肌酸激酶的含量，黑寡妇蜘蛛毒中毒期间这些指标呈上升趋势。

棕色隐士蜘蛛毒中毒：棕色隐士蜘蛛毒中毒血液学检查发现淋巴细胞、白细胞增多，溶血性贫血，血小板增多和凝血时间延长。

【治疗】

黑寡妇蜘蛛毒中毒：黑寡妇蜘蛛毒中毒目前尚无特效解毒药，主要以对症治疗为主，目标是减少疼痛、肌肉震颤和躁动。临床上可以使用抗蛇毒血清快速缓解患病动物的临床症状，使用苯二氮䓬类药物缓解肌肉痉挛。此外，还需要严格监测中毒动物的状态，虚弱、疲劳的症状可能持续数周至数月。

棕色隐士蜘蛛毒中毒：棕色隐士蜘蛛毒中毒也没有特效解毒药。目前，主要的治疗原则是缓解症状和支持性护理（让患病动物休息，必要时使用抗生素，静脉注射，输血等）。患病动物就诊前可以使用肥皂水清洗伤口以防二次感染。此外，根据脱水和心血管情况判断患病动物是否需要输液，伤口感染时可使用广谱抗生素，出现皮肤瘙痒则可以使用抗组胺药物。

【预防】

禁止犬、猫在有毒蜘蛛出现区域活动。

第二节　蛇毒中毒
（snake venom poisoning）

蛇毒中毒是指动物被毒蛇咬伤，毒液通过伤口进入体内引起的一种急性中毒性疾病。临床上主要以咬伤部位肿胀、变黑、发热或有灼热感、剧痛等为特征，严重时可导致中枢神经麻痹、休克甚至死亡。地球上以亚热带和热带地区的蛇类种类和数量最多，温带次之，寒带最少。据统计，全球蛇的种类有 3000 余种，其中毒蛇约650 种。我国蛇类有 160 余种，毒蛇约 47 种，常见的毒蛇有眼镜蛇、眼镜王蛇、银环蛇、金环蛇、五步蛇、蝮蛇、竹叶青蛇、海蛇、蝰蛇等，多数分布在气候温暖的南方地区，长江以北由于气候寒冷，只有蝰蛇、蝮蛇、龟壳花蛇等几种。

【病因】

犬、猫在毒蛇活动频繁的季节、时间及地点活动易被毒蛇咬伤而引起中毒。

【发病机理】

蛇毒中的有毒成分是蛇毒对机体产生毒理作用的物质基础。由于各种蛇毒中含有的有毒成分相当复杂，其毒理作用也有一定差异，但主要包括对局部的作用和对全身的作用两方面。

（1）蛇毒对伤口局部的作用　蛇毒中的神经毒可麻痹感觉神经末梢，引起肢体麻木；又可阻断运动神经与横纹肌间神经冲动的传导，造成瘫痪。蛇毒中的卵磷脂酶 A 可使体内释放组胺、5-羟色胺及缓动素等物质，引起伤口局部组织水肿、炎性反应及剧烈疼痛。蛇毒中的透明质酸酶使局部炎症进一步扩展；蛋白水解酶破坏血管壁，引起出血，损害组织，甚至导致大面积的深部组织坏死。

（2）蛇毒对全身的作用　蛇毒对全身的损害作用主要因所含的成分不同而有很大差异，主要表现为对神经系统和心血管系统的毒性作用。

（1）对神经系统的作用　蛇毒对神经系统的作用是广泛而复杂的，且常出现双向性的作用（即由于剂量不同、动物个体差异或神经系统敏感性差异，而对神经系统各部分表现兴奋或抑制作用）。眼镜蛇科蛇毒中毒时，产生横纹肌接头的阻断作用，致使骨骼肌麻痹；同时影响颈动脉窦化学感受器缺氧反射，抑制呼吸中枢的兴奋作用，使机体缺氧状况逐渐加重，导致呼吸衰竭。眼镜蛇及银环蛇蛇毒尚可透过血脑屏障进入脑组织中，抑制延脑呼吸中枢。

（2）对心血管系统的作用　各种蛇毒对心血管系统都有直接或间接的作用。血液循环毒素类蛇毒对心血管系统的毒性作用主要表现为：①内脏毛细血管扩张，通透性增强，使血容量相对不足，或使血容量减少，其结果是血压下降；②由于蛇毒使纤维蛋白形成的微血块沉积于肺的微循环中，以及组胺的释放，肺循环阻力增加，右心回流量下降，亦导致体循环血压下降；③毛细血管内皮损伤，凝血障碍，伤口、皮下、内脏大量出血，进一步加重休克，如果发生急性溶血，循环功能障碍将更加严重；④蛇毒可直接或间接损害心肌，导致心肌出血、坏死等。

【临床症状】

（1）局部症状　蛇咬伤的局部红肿、疼痛、出血。咬伤头部时，口唇、鼻端、颊部及颌下腺极度肿胀，动物不安，结膜潮红。严重时上下唇不能闭合，鼻黏膜肿胀，鼻道窄，呼吸困难，结膜肿胀。咬伤四肢时，局部肿胀、热痛，患肢不能负重，站立时以蹄尖着地，甚至将病肢提起，运动时跛行，有时卧地不起。

（2）全身症状　因毒蛇所含毒素的作用不同，主要表现神经毒、血液毒和混合毒引起的症状。

① 神经毒症状。银环蛇、金环蛇和海蛇均属神经毒类毒蛇，被这类毒蛇咬伤后，局部反应不明显，流血少，红、肿、热、痛等局部症状轻微，但被眼镜蛇咬伤后局部组织坏死、溃烂，伤口长期不易愈合。当毒素由血液及淋巴液扩散，通常在咬伤后的数小时内即出现急剧的全身症状，首先是四肢肌肉麻痹而无力，卧地不起，痛苦呻吟；继则吞咽困难，口吐白沫，瞳孔散大，心律失常，脉搏不整，呼吸困难，呕吐，全身出汗；最后全身肌肉震颤，甚至抽搐，血压下降，休克，昏迷，终因呼吸肌麻痹导致窒息而死亡。

② 血液毒症状。蝰蛇、五步蛇、竹叶青蛇、龟壳花蛇等都能产生血液循环毒。动物被咬伤后局部症状严重，明显肿胀，剧烈疼痛，流血不止，极度水肿，局部颜色变深；局部淋巴结肿大，皮下出血，有的发生水疱、血疱，以至组织溃烂及坏死。肿胀迅速向肢体上端扩展，一般经6～8h可蔓延到整个头颈部，或蔓延到前肢以及腰背部。毒素吸收后全身震颤，心动过速，脉搏加快，继而发热；因大量溶血引起血红蛋白尿。严重者血压下降，心律失常，呼吸困难，不能站立，最后倒地，因循环衰竭、心脏麻痹而死亡。

③ 混合毒症状。眼镜蛇和眼镜王蛇的毒液多属混合毒。动物

被这两种蛇咬伤后，局部红、肿、热、痛、感染或坏死等症状明显。毒素吸收后，神经毒和血液毒引起的症状共同存在，全身症状重剧而复杂。死亡的直接原因通常是呼吸中枢和呼吸肌麻痹引起的窒息，或因血管运动中枢麻痹和心力衰竭引起的休克。

【诊断】

根据毒蛇咬伤的病史，结合伤口有 2 个针尖大的毒牙痕，局部水肿、渗血、坏死和全身症状，即可诊断。如伤口有 2 行或 4 行均匀而细小的锯齿状浅小牙痕，并无局部和全身症状，多为无毒蛇咬伤。必要时用适宜的单价特异抗蛇毒素，用酶联免疫吸附法测定伤口渗出液、血清、脑脊液或其他体液中的特异蛇毒抗原，即可确定是何种蛇毒。本病应与毒蜘蛛和其他昆虫咬伤进行鉴别。

【治疗】

毒蛇咬伤后应采取急救措施。治疗原则是防止蛇毒扩散，尽快施行排毒和解毒，并配合对症治疗。

（1）局部处理　主要包括伤口肿胀部位上侧用绷带结扎、伤口清创及局部封闭。

① 绷带结扎。被毒蛇咬伤后，应尽量使动物保持安静，立即用柔软的绳子或纱布带、止血带，亦可就近取适用的植物茎秆、稻草、野藤等，在伤口的上方约 2～10cm 处结扎。结扎的松紧度以能阻断淋巴液及静脉血回流为宜，但不能妨碍动脉血液的供应。结扎后每隔一定时间要放松一次，以免造成组织坏死。经排毒和服用有效蛇药 3～4h 后，才能解除结扎。

② 伤口清创。有效结扎伤口上方后，立即沿两个毒牙痕切开伤口，压迫周围组织，迫使毒液外流，进行彻底清洗和排毒。常用 3% 过氧化氢溶液、0.2% 高锰酸钾溶液、0.02% 呋喃西林溶液或 2% 氯化钠溶液冲洗伤口，清除残留在伤口内的蛇毒及污物。被蝰蛇及蝮蛇咬伤者，一般不作扩创排毒，以防出血不止。

③ 局部封闭。可在肿胀周围或于伤口的上部用 0.25%～0.5% 盐酸普鲁卡因溶液加青霉素或地塞米松、氢化可的松等进行深部环状封闭，对抑制蛇毒的扩散、减轻疼痛和预防感染均有较好的作

用。亦可进行局部冷敷。

（2）特效解毒　抗蛇毒血清是中和蛇毒的特效解毒药，有条件的应尽早使用，在 20～30min 内静脉注射最好。也可选用中药治疗，中药在抢救毒蛇咬伤中有丰富的经验和实际的效果。常用的中成药有季德胜蛇药、上海蛇药、南通蛇药、广州蛇伤解毒片、新会蛇药酒、群生蛇药等。

（3）对症治疗　主要采取补液、强心、防止休克和急性肾衰竭等措施。对神经症状较明显的蛇毒中毒，忌用巴比妥、氯丙嗪、吗啡等中枢系统抑制剂及箭毒等横纹肌抑制剂；血液循环毒素类蛇毒中毒者忌用肾上腺素及枸橼酸钠等。

【预防】

宣传并普及防治毒蛇咬伤的知识，掌握毒蛇活动规律及生活特性，避免宠物进入毒蛇经常活动的区域。

第三节　蜂毒中毒
（bee venom poisoning）

蜂毒中毒是蜂类蜇伤动物皮肤时，蜂尾部毒囊分泌的毒液注入动物体内而引起的中毒性疾病。蜂毒是一种成分复杂的混合物，含有多种活性物质。多种动物被蜂蜇伤都可引起局部或全身反应，轻度中毒可引起疼痛、水肿、淤血及溃烂，重度中毒可引起血压下降、运动麻痹、呼吸困难和死亡。我国亚热带雨林气候地区草木茂盛，非常适宜野蜂生存。野蜂常筑巢于灌木和草丛中，当宠物触动蜂巢时，容易遭受蜂的袭击，蜇伤宠物皮肤注入毒液而引起蜂毒中毒。

【病因】

蜂属节肢动物门、昆虫纲、膜翅目，包括蜜蜂、黄蜂、大黄蜂、土蜂及竹蜂等。雌蜂的尾部有毒腺和螯针，螯针刺入宠物机体后，部分会残留于被刺伤部位（黄蜂螯针不残留于被刺动物体内）。一般情况下，蜂不会主动袭击宠物，但是当宠物触动蜂巢时，群蜂易被激怒而飞出袭击，导致中毒。

【发病机理】

蜂毒尤其是大黄蜂的蜂毒中含有乙酰胆碱，可使平滑肌收缩、运动麻痹、血压下降。此外，黄蜂及大黄蜂的毒液中还含有组胺、5-羟色胺、透明质酸酶及磷脂酶 A，可引起平滑肌收缩，血压下降，呼吸困难，局部疼痛、淤血及水肿等。磷脂酶 A 具有很强的致病作用，可引起严重的血压下降及间接性溶血。研究显示，用 1.5％蜂毒 6mL 对体重 4.5kg 的犬静脉注射，犬会立即出现间歇性痉挛、牙关紧闭、眼球震颤，最后由于呼吸停止而死亡。

【临床症状】

（1）局部炎症反应　几乎所有中毒动物都会出现局部炎症反应，即红、肿、热、痛。

（2）过敏反应　瘙痒、水肿等，中毒严重时动物可发生过敏性休克、喉头水肿等。

（3）消化系统　大部分中毒动物会出现腹胀、恶心、呕吐、黑便等胃肠道不适症状。

（4）呼吸系统　部分中毒动物可出现急性肺水肿。

（5）泌尿系统　血尿、少尿、无尿、酱油色尿等，同时伴有明显的肾区压痛、叩痛。

（6）神经系统　头晕、头痛、烦躁，严重者出现意识障碍、抽搐等。

（7）血液系统　溶血、出血、溶血性贫血等。

（8）循环系统　发绀、心悸、胸闷、胸痛、心律不齐、血压下降等，中毒严重时会出现心功能不全。

【诊断】

（1）病史调查　详细了解动物中毒发生的时间、地点及既往病史；了解动物活动的地方是否有蜂巢或蜂箱。

（2）临床检查　对中毒动物进行全面检查。首先进行体表检查，可见蜇伤部位红肿、疼痛，以及可能伴有螯针等。然后对皮下脂肪、肌肉、骨骼、体腔、脏器进行检查，中毒动物可出现消化道症状（恶心、呕吐、呕血、腹泻）、可视黏膜发绀、喉头水肿、呼吸系统症状（咳嗽、呼吸困难）、循环系统症状（心律不齐、血压降低、胸闷、胸痛）、泌尿系统症状（血尿、少尿、无尿、酱油色尿）等。根据收集到的症状，结合病史，逐渐缩小可疑毒物的范围，大致推断出中毒的种类，为临床急救提供依据。

（3）解剖检查　病死动物的口腔、咽部黏膜潮红、肿胀和糜烂；肝增大、肿胀、淤血，肝窦淤血、水肿，肝细胞轻度脂肪变性、肿胀；肾盂黏膜点状出血，肾组织淤血，间质水肿；肾小管上皮细胞坏死，管内充满血红蛋白等管型，间质有灶性炎细胞浸润。

（4）血液学检查　总胆红素、直接胆红素、丙氨酸转氨酶、天冬氨酸转氨酶明显升高，外周血白细胞急剧升高。

（5）治疗性诊断　根据临床症状，通过治疗效果进行验证诊断。如治疗效果较好，可据此作出诊断。

【治疗】

本病尚无特效解毒药，中毒动物可以采取排毒、解毒、脱敏、抗休克及对症治疗等措施。

（1）局部处理　动物被蜇伤后有螯针残留时，应立即拔除残留螯针。对肿胀部位用消毒过的针尖或三棱针锥刺皮肤，然后局部用2%～3%高锰酸钾溶液、3%氨水、2%碳酸氢钠溶液或肥皂水冲洗，可达到排毒消肿的目的。以0.25%盐酸普鲁卡因加适量青霉素进行肿胀周围封闭，防止肿胀扩散和继发感染。

（2）全身疗法　首先抗应激性反应，可用盐酸氯丙嗪肌内注射，剂量为1mg/kg体重。脱敏、抗休克，可用氢化可的松、地塞米松或苯海拉明等，静脉注射或肌内注射。为防止渗出，可注射0.1%盐酸肾上腺素或钙制剂。保肝解毒，可应用高渗葡萄糖溶液、5%碳酸氢钠溶液、40%乌洛托品及复合维生素B、维生素C等。

（3）对症治疗　主要采取强心、补液、兴奋呼吸中枢等措施。

【预防】

携带宠物外出时尽量远离蜂窝，以免惊扰蜂群而使宠物遭受攻击。在运输蜜蜂时，应在蜂箱口安装纱罩，避免蜜蜂飞出伤害其他动物。

第四节　蝎毒中毒
（scorpion venom poisoning）

蝎属节肢动物门，螯肢亚门，蛛形纲，蝎目。研究显示，对动物有害且具有医学研究意义的蝎有近 50 种，它们都属钳蝎科，人们把钳蝎科的蝎统称为钳蝎。钳蝎种类颇多，毒性大小不一，其尾端呈囊状，长着与毒腺相通的钩形毒刺。蝎毒中毒是动物被蝎子蜇伤而引起的以局部肿胀、疼痛、全身痉挛、昏迷为特征的中毒性疾病。

【病因】

蝎身体的最后一节是锐利的刺蜇器，与腹部背侧的毒腺相通，毒腺内含有强酸性的毒液，为神经性毒素、溶血性毒素及抗凝血素等。

（1）蝎子白天多隐藏在阴暗潮湿的砖缝、石隙、柴堆及衣物、鞋里，夜间活动觅食。此时宠物若触碰到蝎，可能会被蝎尾部的毒钩刺伤，引起中毒。

（2）饲养蝎子的用具上常附着蝎的毒液，若宠物身体、四肢、脚垫等处有开放性伤口，且伤口接触了沾有蝎毒的用具，也会引起中毒反应。

（3）某些动物可能对蝎毒过敏，若皮肤和黏膜接触了蝎毒，会引起中毒反应。

（4）使用含蝎毒药物剂量过大，引起中毒。

【发病机理】

由于蝎毒含蛋白质较多，因此较为黏稠，大多数新鲜的毒液呈中性或碱性。研究显示，蝎毒素与蛇毒成分中的神经毒素化学性质类似，但其含量较高。蝎毒是由蛋白质和一些非蛋白质小分子物质及水分组成，主要成分是多种碱性小分子蛋白质，非蛋白质小分子物质包括脂类、有机酸、游离氨基酸等，有的还含有一些生物碱和多糖类。蝎毒中的蛋白质以水溶性蛋白质含量最高，种类也最多。通常一种蝎毒中含有3～5种蛋白质，这些蛋白质都具有不同程度的毒性和生理功能。这些内含碳、氧、氮及硫等元素的蛋白质构成了蝎毒的主要成分，是引起死亡和麻痹效应的活性物质，因而称为蝎神经毒素或蝎毒蛋白。

蝎毒素还含有一些酶类和抑制剂，如透明质酸酶可以水解细胞壁多糖，促进毒素迅速扩散进入有机体。另外，在印度红蝎中还发现了一种胰蛋白酶抑制剂，它能抑制高级动物胰脏所分泌的蛋白质水解酶的活力，使蝎毒素的毒性作用受到保护。

【临床症状】

被毒蝎蜇伤后，大部分动物无明显的全身反应，局部表现为红肿和剧烈疼痛，可见蜇伤痕迹，一般可持续5～6h。成年蝎的毒性比幼仔蝎或青年蝎强，产前母蝎蜇伤者所表现的临床症状比雄蝎或其他成年蝎严重得多。严重中毒动物表现嗜睡、无力、呕吐、腹痛、口吐白沫、吞咽困难、呼吸减弱以及昏迷等症状。

【诊断】

根据蝎子蜇伤或药用时剂量过大的病史，结合临床症状，即可诊断。本病应与蛇毒、蜘蛛毒、蜈蚣毒等中毒进行鉴别诊断。

【治疗】

本病尚无特效解毒药，被蝎蜇伤后，主要采取局部处理和对症治疗。

（1）局部处理　被蝎蜇伤后，立即用止血带扎紧被蜇伤部位的近心端或放置冰袋，以减少毒素的吸收和扩散。同时，寻找并拔出尾刺，然后使用拔火罐等产生负压吸出毒液。伤口用碱性溶液反复冲洗以中和毒液，如使用肥皂水、3％氨水、5％碳酸氢钠溶液、0.02％高锰酸钾溶液洗涤，随后局部用 0.5％普鲁卡因或 α-糜蛋白酶，在伤口周围作环形封闭，或将明矾研磨后用米醋调匀外敷。

（2）对症治疗　包括强心、补液、镇痛、抗休克等。应用止痛镇静剂缓解疼痛；脱敏、抗休克，可用氢化可的松、地塞米松或苯海拉明静脉注射或肌内注射。

【预防】

（1）禁止宠物进入蝎常活动的区域，家庭养殖蝎时应尽量使宠物远离，必要时可给宠物穿戴鞋子、衣物、宠物口罩等防护用具，以免被蜇伤。

（2）作为药用时应严格控制剂量，防止过量使用引起中毒。

（3）居住室内应通风干燥、卫生良好，必要时喷杀虫剂。

（4）饲养蝎时，养殖户可给蝎提供新鲜的食品以及清洁的饮水，以降低蝎毒性等。

第五节　蜈蚣毒中毒
（centipede venom poisoning）

蜈蚣属节肢动物门，唇足纲，蜈蚣目，蜈蚣科。蜈蚣种类繁多，最常见的为巨蜈蚣，而有药物作用的少棘蜈蚣主要分布于我国湖北、浙江、江苏、安徽、河南等地。蜈蚣体内的有毒成分主要有组胺、5-羟色胺和溶血蛋白。此外，有毒成分还包括酪氨酸、亮氨酸、甲酸、游离脂肪酸、胆固醇、甘油酯和角鲨烯等。蜈蚣体内含有的酶主要有蛋白酶、酯酶、羧肽酶、碱性磷酸单酯酶、磷酸二酯酶等。蜈蚣毒中毒是动物被蜈蚣咬伤而引起的一种中毒病，临床上以在蜇伤部位出现红肿、灼痛，同时产生淋巴管炎为特征。

【病因】

动物蜈蚣毒中毒主要原因为在野外或家中被蜈蚣咬伤，误食蜈蚣或有毒的部分蜈蚣肢体。

【发病机理】

蜈蚣的毒性主要是由组胺样物质、溶血性蛋白质及多肽毒素等引起，可导致动物的过敏反应、溶血反应、神经毒性、肝肾毒性、过敏性休克和心肌麻痹、呼吸抑制等。组胺是机体自身的一种传导物质，与系统性炎症、变态反应有关，长期大量服用蜈蚣药材可能导致组胺摄入过量，引发过敏性中毒。此外，蜈蚣毒液中也含有蛋白水解酶、磷酸酯酶等溶血性物质，具有多种水解酶活性，如酪蛋白水解活性、纤维蛋白原水解活性、明胶水解活性、透明质酸酶活性、磷脂酶 A2 活性等。这些水解酶能不同程度地破坏内脏组织和血液循环系统，造成组织损伤和溶血，且溶血特性与蛇毒类似。透明质酸酶能够加速伤口的扩大和毒液的扩散，磷脂酶 A2 能水解外源性的卵磷脂，其产物可导致溶血。除水解酶外，毒液中的溶血肽也可以导致溶血。蜈蚣毒液中的多肽毒素可通过干扰外周或中枢神经系统功能而引起神经毒性，以及通过阻断心肌细胞钾离子通道，阻碍心肌电信号转导，引发心肌损伤、缺血性心肌梗死、心脏骤停等。

【临床症状】

蜈蚣毒中毒动物会出现精神沉郁、可视黏膜潮红、恶心、呕吐、腹痛、腹泻、全身无力、心跳及脉搏缓慢、呼吸困难、体温及血压下降等症状。中毒动物还会出现溶血反应，尿呈酱油色，排黑便，并伴有溶血性贫血症状。此外，一些中毒动物还会出现过敏反应，表现为全身过敏性皮疹，频繁搔抓，甚至过敏性休克等。

【诊断】

（1）病史调查　详细了解动物中毒发生的时间、地点及既往病史；室内、庭院有无蜈蚣或适宜蜈蚣生存的环境。

（2）临床检查　对中毒动物进行全面检查，根据收集到的症状表现，结合病史，逐渐缩小可疑毒物的范围，为临床急救提供依据。

（3）治疗性诊断　根据临床症状，通过治疗效果进行验证诊断。如治疗效果较好，可据此作出诊断。

【治疗】

治疗原则是防止毒素扩散、排毒、解毒和对症治疗。

① 立即用肥皂水清洗伤口，局部应用冷毛巾湿敷伤口，亦可用鱼腥草、蒲公英外敷。有全身症状的宠物应迅速送到动物医院救治。

② 伤口周围可用冰敷，必要时可切开伤口皮肤，用抽吸器或拔火罐等吸出毒液，并选用高锰酸钾液、石灰水冲洗伤口。

③ 疼痛剧烈的宠物可适当服用止痛片；过敏宠物可口服马来酸氯苯那敏 4mg，每日 3 次，或氯雷他定片每日 1 片。

【预防】

保持室内及庭院的环境卫生，清除周围碎石、废物、垃圾等适宜蜈蚣生存的地方，保持室内干燥。此外，蜈蚣作为药用时要严格控制剂量，防止中毒。

第六节　蟾蜍毒中毒
（toad poisoning）

蟾蜍毒是由蟾蜍毒腺分泌的白色黏稠毒液，可入药，是中药蟾酥的主要成分，具有强心、兴奋、止痛、抗毒散肿和通窍的功用，主治各种疔疮、胃痛、腰痛、咽喉肿痛、慢性心力衰竭和支气管炎等。蟾蜍毒中毒是指误食或食用过量、接触蟾蜍毒液等引起的以神经功能紊乱和心力衰竭为特征的病理过程。所有蟾蜍均可产生毒液，毒性和产生量因蟾蜍品种和地理位置而异。研究显示，位于亚利桑那州和加利福尼亚州之间的科罗拉多河沿岸的科罗拉多河蟾蜍，以及主要分布在佛罗里达、得克萨斯州、夏威夷州和其他热带地区的海蟾蜍的毒液最为致命。

【病因】

动物蟾蜍毒中毒主要是误食蟾蜍,如犬、猫等戏耍蟾蜍而误食;或误将蟾蜍作青蛙食用时,将蟾蜍内脏,尤其是蟾蜍卵丢弃而被犬、猫误食;或宠物主人将蟾蜍煮熟饲喂动物以补充动物蛋白而导致中毒。研究显示,蟾蜍毒液对犬的口服最小致死量为 0.98mg/kg,静脉注射最小致死量为 0.36mg/kg。

【发病机理】

蟾蜍毒具有与毛地黄提取物相似的强心作用,可通过兴奋迷走神经中枢或末梢,直接作用于心肌,进而减缓脉搏,增强心肌收缩,导致心室颤动以及血压升高。此外,蟾蜍毒对心血管作用很明显,通过抑制细胞内 ATP 酶,使 Na^+、K^+ 的主动转运所需的能量供应受到影响,阻止了 Na^+ 外流和 K^+ 内流,使心肌明显缺 K^+,引起心律失常。需要注意的是,蟾蜍毒排泄迅速,无蓄积作用。

【临床症状】

中毒动物一般在摄入蟾蜍毒素 15min 后出现临床症状,主要表现为兴奋不安、头部震颤、共济失调、呼吸急促、呕吐、流涎、腹痛、肠蠕动音增强、腹泻、呼吸困难、黏膜发绀、呻吟、瞳孔散大、瞳孔光反射迟钝。随着病情的进展,中毒动物会出现心搏动缓慢,进而引发阵发性心动过速,期外收缩,脉缓慢而无规律,抽搐,昏迷,最终可能会因心脏衰竭而死亡。

【诊断】

根据接触蟾蜍或应用蟾蜍毒的病史,结合以心血管系统为主的临床症状,即可初步诊断。必要时可进行呕吐物或胃内容物蟾蜍毒检测,取检样加 50%乙醇温浸数小时,过滤,滤液挥干。残渣用蒸馏水洗涤 1~2 次,然后加适量甲醇将残渣溶解,过滤,滤液挥干,所得残渣供检验用。

检测方法有以下两种:

(1)浓硫酸反应 取部分残渣放入白瓷瓮中,加数滴浓硫酸,如含有蟾蜍毒则出现橘红色反应,放置后,颜色变为深红色,并带明显的绿色荧光。

（2）浓硫酸乙酸酐反应　取残渣少许置于小试管中，用氯仿2mL溶解，加乙酸酐数滴，混匀，然后逐滴加入浓硫酸，混合液先显红色，随后变为蓝色，最后变为绿色。

【治疗】

蟾蜍毒中毒尚无特效解毒药物，主要采取促进毒物排除和对症治疗等措施。早期可立即洗胃、催吐、导泻，灌服活性炭和盐类泻剂，禁用油类泻剂。经口咬蟾蜍而中毒动物应立即用足量清水冲洗口腔，并使用 0.1％ 高锰酸钾溶液洗胃或内服。口服鸡蛋清、蜂蜜等保护胃肠黏膜。

心律失常者可静脉注射心得安，剂量为 2mg/kg，可在短时间使心率恢复正常，必要时 20min 可重复一次；如果有心脏病计量则为 0.5mg/kg。心搏徐缓可用阿托品，惊厥可应用安定、巴比妥类等。血钾过高时，应静脉注射葡萄糖、胰岛素和碳酸氢钠，并通过心电图及时监测心脏活动。

【预防】

加强宠物的日常管理，避免宠物碰触或误食蟾蜍。使用含蟾蜍制剂要严格控制剂量。

【复习思考题】

1. 常见的对小动物构成威胁且含有毒物的动物种类包括哪些？

2. 鉴别蜘蛛、蛇、蝎、蜈蚣、蟾蜍导致动物中毒的症状以及如何进行治疗？

3. 试述如何避免动物毒物中毒？

| 第九章 |

植物毒物中毒

◎【本章导读】

植物毒物包括百合、铁树、麻黄、茶油、石斛等在日常生活中常见的植物。这些植物被小动物摄入会对健康构成严重威胁。这些不同种类的植物毒物会对小动物的健康产生何种影响，引起怎样的临床症状和病理变化以及应如何治疗，本章将一一解答这些问题。

◎【学习目标】

1. 了解不同种类的植物毒物对小动物健康产生的负面影响，并熟练掌握这些知识内容。

2. 掌握不同种类的植物毒物中毒后的解毒方法，尽可能避免出现误诊情况，最大限度地确保动物健康。

◎【本章概述】

有毒植物是指动物采食、误食或接触后能引起功能性或器质性病理变化，严重情况下可造成动物死亡的植物。植物毒素是指由植物天然产生的可以引起动物致病的有毒物质。目前，已经发现的植物毒素有1000余种，绝大部分是植物的次生代谢产物。虽然生态和环境因素等对某些植物毒素的生成和存在会产生显著影响，但植物的物种仍是植物毒素生成和存在的决定条件。鉴于植物毒物对小动物健康的不良影响，本章将着重介绍百合、铁树等有毒植物对小动物健康产生不良影响的机理、临床症状、诊断、治疗及预防措施，以便在日常生产生活中规避植物毒物中毒风险，保障小动物身体健康。

第一节　百合中毒
（lily poisoning）

百合中毒指动物摄入百合属和萱草属植物的花或叶子等所引起的以流涎、呕吐、厌食、抑郁、脱水和肾功能衰竭为主要特征的中毒性疾病。百合科和萱草属植物是常见的观赏植物，常被用来做盆栽和插花。研究显示，百合属中的麦当娜百合、白百合、虎百合、复活节百合等和萱草属的黄百合对猫有潜在肾毒性。然而，犬在摄食上述植物后仅表现出轻微或短暂的肠胃不适。

【病因】

百合属和萱草属植物因其具有观赏性而被广泛种植在室内或花园里。猫由于好奇心重，可能会舔舐或吞食百合属或萱草属植物的叶子和花等部位而导致中毒。

【发病机理】

猫百合中毒的确切机制尚不清楚。然而，研究显示百合属和萱草属植物毒素能够直接损害肾小管上皮和导致多尿性肾功能衰竭。随着病情的进展，多尿性肾功能衰竭可能诱发严重的脱水。

【临床症状】

犬摄入百合属和萱草属植物后，仅表现出短暂且轻微的肠道症状。然而，百合中毒的猫在不同的时间段会展示出不同的临床症状。摄入植物 1～3h，临床症状表现为流涎、呕吐、厌食和抑郁等，部分病例还会表现出嗜睡的症状。呕吐和流涎可持续 2～6h，但是厌食和抑郁将伴随整个发病过程。摄入后 12～30h 可出现多尿和尿毒症，18～30h 出现脱水，24～48h 多尿会发展成无尿。肾功能衰竭可造成代谢产物的积聚以及呕吐的再次发生，30～72h 后可出现虚弱的症状，死亡主要发生在摄入后的 3～7d。

【诊断】

（1）病史调查　详细了解患病动物中毒发生的时间和地点、既往病史；了解室内、庭院有无种植或摆放百合科植物，尤其是百合属与萱草属植物，应特别关注患病动物的饮食情况，是否摄入该毒物以及毒物的摄入量等。

（2）临床检查　对患病动物进行全面检查。犬常表现出轻微的肠道症状；猫会出现流涎、呕吐、嗜睡、抑郁、多饮、多尿、脱水、肾区压痛、运动失调、痉挛等症状。根据收集到的症状，结合病史，为临床急救提供依据。

（3）血细胞计数、血清生化检查　百合中毒会导致血尿素氮、肌酐、磷和钾的水平升高。

（4）影像学检查　X 射线检查可见肾脏肿大。

【治疗】

1. 排毒

① 接触花粉的猫需要及时进行清洗，避免毒素的持续摄入。

② 不建议给中毒 1～2h 呕吐的猫使用过氧化氢，但赛拉嗪（0.44～1.1mg/kg 肌内注射或口服）有效，呕吐后用育亨宾或安帕美唑可缓解病情。

③ 使用活性炭吸附毒素。

2. 适当的医疗保健

① 早期可积极进行静脉注射以预防肾损伤。

② 每日监测一次血清生化指标，尤其是肌酐和尿素氮的水平。

③ 监测尿量并根据需要添加利尿剂。

3. 没有治疗本病的特效解毒剂

① 对于有临床症状但无尿的猫，最有效的治疗方法是用生理

盐水静脉注射 2～3 次。静脉输液应该在猫摄入毒素的 18h 内和无尿期前进行，并且保持 24～72h。

② 一旦出现无尿性肾功能衰竭，只有腹膜透析和血液透析是有效的治疗方法。

【预防】

① 禁止犬、猫在种植百合属和萱草属植物的区域活动，以防止误食。

② 若室内有百合属和萱草属植物应该放置在犬、猫接触不到的地方。

第二节　麻黄中毒
（ephedra sinica poisoning）

麻黄是指麻黄科多年生草本类植物，又名龙沙、卑相、卑盐、狗骨，有草麻黄、木贼麻黄、矮麻黄和中麻黄四种，广泛分布于吉林、辽宁、河北、河南、山西、陕西、内蒙古、甘肃、新疆、四川、青海等地。麻黄草茎可入药，具有发汗、平喘、利水等功效。麻黄中毒是指动物采食过量的麻黄而引起的以兴奋不安、瞳孔散大、肌肉震颤或惊厥为特征的中毒性疾病。

【病因】

犬、猫麻黄中毒的原因主要包括：小动物误食新鲜麻黄科植物草茎导致中毒；临床上应用麻黄或麻黄素治疗疾病时，用药量过大，引起中毒；人为投毒。

【发病机理】

麻黄含有多种结构相似的生物碱，称为麻黄生物碱，已分离鉴定出的生物碱有 10 种以上，主要为左旋麻黄碱（又称麻黄素，占总生物碱 60％以上）、右旋伪麻黄碱（又称异麻黄素），此外尚有少量甲基麻黄碱、甲基伪麻黄碱、去甲基麻黄碱、去甲基伪麻黄碱以及尚未确定结构的麻黄次碱（ephedine）。麻黄根不含麻黄生物碱，而含酪氨酸甜菜碱（tyrosine betaine）、麻黄根碱（ephedradine）等。麻黄生物碱的含量随种类、产地不同而有差异。草麻黄含生物碱 1.3%、中麻黄含生物碱 1.1%，木贼麻黄含生物碱 1.7%；秋季含量最高，夏季含量最低（仅为秋季的 1/4～1/3），冬季也仅为秋季的 1/2。麻黄碱为 β-肾上腺素受体激动剂，可直接激动肾上腺素受体，也可通过促使肾上腺素能神经末梢释放去甲肾上腺素而间接激动肾上腺素受体，对 α 和 β 受体均有兴奋作用。大量采食麻黄，麻黄碱被机体吸收，可使皮肤、黏膜和内脏血管收缩，血流量减少，导致心收缩力量增强，血压升高；兴奋大脑皮层和皮层下中枢，引起兴奋不安、瞳孔散大、肌肉震颤或惊厥。

【临床症状】

麻黄中毒主要症状为血压升高、精神亢奋、呼吸加深加快、尿量减少、瞳孔散大、心力衰竭、视力减弱甚至失明、胃肠臌气、尿潴留等。此外，严重中毒动物还表现为肌肉震颤，行走踉跄，甚至出现惊厥，最后卧地不起，终因心力衰竭与窒息而死亡。

【诊断】

（1）病史调查　了解患病动物有无过量服用中药麻黄、麻黄制剂、含麻黄碱的药物，有无在有种植麻黄的区域活动，有无误服或被喂食安非他命、阿拉伯茶等毒品。了解患病动物有无如慢性肾功能不全、先天性心脏病、肥厚性心肌病等会导致中毒加重的疾病。

（2）临床检查　麻黄中毒一般 30min 至 2h 出现症状，观察动物有无麻黄中毒的相关临床症状。

（3）影像学检查　麻黄中毒动物胸腔 X 射线检查可见心脏明显扩大。

（4）尸体剖检　因麻黄中毒死亡的动物心脏会扩大，心肌明显增厚。

【治疗】

麻黄中毒没有特效解毒疗法。治疗原则以发病早期及时排出毒物、镇静抗惊厥和抗毛细血管收缩为主。

（1）催吐、洗胃、导泻　1∶5000高锰酸钾溶液洗胃，并用硫酸镁导泻。

（2）静脉输液　静脉注射葡萄糖生理盐水的同时使用利尿剂促进毒物排泄，慢性肾功能不全者忌用此疗法。

（3）注射氯丙嗪　氯丙嗪对麻黄中毒有明显疗效，氯丙嗪可减弱大脑皮层的兴奋作用，扩张血管和降低血压、抗心室颤动、抗惊厥。猫常用剂量为1mg/kg，肌内注射、腹腔注射或静脉注射；若中毒剂量较大，则可使用较大剂量（10～18mg/kg，静脉注射）；如果使用巴比妥类药物则剂量减半。

（4）局部处理　麻黄中毒和安非他命中毒导致的恶性高热仅能通过冷敷缓解，若发热并不严重，则可通过温湿敷或温水浴减轻皮肤末梢血管的收缩。

（5）对症治疗　抗休克、控制心律失常、呼吸困难者吸氧，严重者应及时进行气管插管通气治疗；有严重神经兴奋或痉挛症状，可用地西泮、咪达唑仑、苯巴比妥钠或水合氯醛治疗。

（6）中药疗法　绿豆20g、甘草30g，加水蒸至300mL，每2h服150mL，连服3～5剂。

【预防】

① 动物主人应熟悉麻黄生长区域，避开麻黄所在地，防止小动物误食。

② 密切关注动物的摄食（尤其在野外）。

第三节　石斛中毒
（dendrobium poisoning）

石斛是我国传统滋补中药，具有祛病保健的作用。研究表明，石斛具有抗肿瘤、抗血管生成、增强免疫、抗氧化、缓解糖尿病、护眼、神经保护、肝保护、抗炎、抗菌、抗血小板凝集、刺激水通道、维护结肠健康、缓解甲状腺功能亢进症状等功效。小动物石斛中毒是由于过量采食石斛或含有石斛花汁的食物引起的以急性溶血性贫血为特征的疾病。

【病因】

石斛花含有多种生物碱及水溶性多糖、黏液质和微量元素，具有极高的药用价值和显著的防衰老及增强免疫力等效果。然而，石斛花所含的活性多糖，具有溶血及阻止血栓形成的作用。小动物过量采食石斛花或者含有石斛花汁的食物会出现急性溶血性贫血。

【发病机理】

动物石斛中毒的机理以及石斛花的化学成分和中毒剂量还有待进一步研究。但研究显示，石斛可以导致细胞溶解或坏死，以及肾脏和肝脏萎缩、坏死，肠胃充血、出血等一系列病理变化。血涂片检查可见多染性红细胞和含有海因茨小体的红细胞增加。血清生化检查可见，犬中毒后血红蛋白（HGB）数量和红细胞（RBC）含量减少，白细胞（WBC）含量升高，说明犬石斛中毒会引起病犬免疫力下降、溶血和贫血现象。

【临床症状】

症状较轻的患病犬表现为精神差，鼻端湿润，饮食稍差，体温正常或稍低，可视黏膜中度黄染，鲜红色血尿，粪便基本正常。临床症状严重时，表现为食欲废绝，精神极度沉郁，流涎，呕吐，腹泻，可视黏膜重度黄染，出现明显血尿，尿的颜色深浅不一，从深红色到黑红色不等。对患病犬进行血涂片检查，可见到多染性红细胞和含有海因茨小体的红细胞增加。

病理剖检可见犬肾脏不呈卵圆形且有不同程度的萎缩；肝脏肿大、充血；膀胱残留血尿；脾脏、胰脏可见轻微肿大；肠系膜淋巴结充血、肿大；肠黏膜变薄、色黄、并伴有出血点；胃底腺、胃浆膜充血、出血。

【诊断】

根据误食含有石斛食物的病史和典型的临床症状（血红蛋白尿、可视黏膜黄染）可进行该病的初步诊断。同时，进一步确诊可结合血涂片、血液生理生化指标及病理检查结果。

【治疗】

本病治疗的关键在于立即停止饲喂含石斛的食物，并给予大剂量的抗氧化剂，如 B 族维生素、维生素 C、维生素 E、硒制剂等。同时，为了促进血红蛋白的排出，可以适当使用一定量的利尿剂，如呋塞米。石斛中毒时犬的肝脏和肾脏均能受到影响，因此需要注意肝脏、肾脏的保护和治疗。对于贫血严重的病犬可以进行输血治疗。

【预防】

主人带宠物活动时，应避开石斛所在地，防止小动物误食。同时，密切关注动物的摄食，尤其在野外。

第四节　含草酸植物中毒
（oxalate-containing plant poisoning）

草酸是一种有机物，化学式为 $H_2C_2O_4$，是生物体的一种代谢产物，中强酸，广泛分布于植物、动物和真菌体中，并在不同的生命体中发挥不同的功能。研究发现数百种植物富含草酸，尤以菠菜、苋菜、甜菜、马齿苋、芋头、甘薯和大黄等植物中含量最高。草酸盐是草酸形成的盐类，可以分为不溶性草酸盐（即草酸钙）和可溶性草酸盐（即钠和钾的草酸盐）。含草酸植物中毒是指动物摄入过量的含草酸植物引起的以消化系统症状、循环系统症状以及皮肤和神经系统症状为主的中毒性疾病。

【病因】

动物含草酸植物中毒的最主要原因是摄入大量的含草酸植物包括菠菜、苋菜、甜菜、马齿苋、芋头、甘薯等。

【发病机理】

草酸盐对黏膜具有较强的刺激作用，故大量摄入草酸盐时可刺激胃肠道黏膜，从而引起腹泻，甚至导致胃肠炎；草酸盐也可在血管中结晶，并渗入血管壁，引起血管坏死，导致出血；草酸盐晶体有时也能在脑组织内形成，从而引起中枢神经系统的功能紊乱；草酸可以与体内的其他金属离子结合，如镁、锌等，影响这些离子的正常生理功能，进一步加剧中毒症状；草酸盐能够在血液中形成不溶性盐，并沉积在肾脏中，导致肾功能衰竭。

【临床症状】

（1）口腔和消化道症状　过度流涎、口腔疼痛、呕吐、咽部肿胀。

（2）呼吸系统症状　呼吸困难、咳嗽或窒息。

（3）泌尿系统症状　尿频、尿急、尿痛、血尿。

（4）神经系统症状　严重中毒时，动物可能出现神经系统症状，如抽搐、痉挛、昏迷或死亡等。

（5）其他症状　根据草酸在植物中的含量和动物摄入的量，还可能出现其他症状，如腹痛、腹泻、发热、脱水等。

【诊断】

（1）病史调查　首先进行病史调查，了解动物是否有接触含草酸植物的可能性，以及发病的时间和误食的数量等。如果主人能够提供植物样本，将有助于更准确地诊断。

（2）临床检查　观察动物是否出现含草酸植物中毒的典型症状，如呕吐、腹泻、腹痛、呼吸困难、脱水、神经系统异常等。

（3）血液学和生化检查　通过血液学和生化检查，评估动物的肝、肾功能。

（4）尿液检查　通过尿液分析检测尿液中是否存在草酸钙结晶或其他异常成分。

（5）影像学检查　进行 X 射线或超声检查，以检测是否存在尿路结石或其他内脏器官的损伤。

【治疗】

首先，给中毒动物提供安全无害的饮食，使其不再继续摄入含草酸的植物，防止进一步中毒。对于发现较早的中毒动物可以进行催吐和洗胃，将未被吸收的毒物排出体外，减少毒物吸收。药物治疗可以选择一些解毒药物，如钙剂（如乳酸钙、葡萄糖酸钙等），以减少草酸的吸收，并与草酸结合形成不溶性的草酸钙，减少其对身体的损害。同时，根据动物的具体症状，进行对症治疗，如给予止痛药、抗炎药、抗生素等，以缓解疼痛、防止感染等。保持动物的体液平衡，给予适当的营养支持，促进身体康复。在治疗过程中，密切观察动物的病情变化，监测生命体征和重要指标，以便及时调整治疗方案。

【预防】

动物在户外活动时，要注意避开含有草酸植物的区域，防止其误食导致中毒。其次，动物日常饮食中，应合理搭配日粮，避免过量摄入含草酸植物。

第五节　蓝藻毒素中毒

（cyanobacterial toxin poisoning）

蓝藻又名蓝绿藻，是一类进化历史悠久，革兰氏染色阴性，无鞭毛，含叶绿素 a，但不含叶绿体（区别于真核生物的藻类），能进行产氧性光合作用的大型单细胞原核生物。蓝藻能够产生多种毒素，包括神经毒素、肝毒素、细胞毒素和内毒素等。蓝藻毒素中毒是指动物因摄入含有蓝藻毒素的水或食物时，发生的以消化和神经系统异常为主要特征的中毒性疾病。

【病因】

蓝藻是一种能在淡水、咸水甚至土壤等环境中生长的光合作用微生物。在一些营养丰富的水体中，有些蓝藻常于夏季大量繁殖，并在水面形成一层蓝绿色而有腥臭味的浮沫，称为藻华（水华）。在藻华期间，蓝藻会产生多种毒素，如肝毒素、神经毒素和细胞毒素等。当动物误食含有蓝藻毒素的水或食物且毒素量超过其身体的承受能力时，就会发生中毒。

【发病机理】

蓝藻毒素的毒性作用主要包括对细胞的直接损伤和诱导生理功能紊乱。例如，蓝藻毒素可以破坏细胞膜的完整性，导致细胞内外环境紊乱；干扰细胞内的信号转导和基因表达，影响细胞的正常功能；抑制酶的活性，干扰细胞的代谢过程等。这些毒性作用会导致动物出现一系列中毒症状，如呕吐、腹泻、呼吸困难、神经系统异常等，严重时可能导致死亡。

【临床症状】

由于蓝藻毒素可以刺激胃肠道，因此患病动物会出现呕吐、腹泻、腹痛等症状。蓝藻毒素也可以影响神经系统的正常功能，导致神经传导受阻或神经元兴奋性异常，进而出现肌肉震颤、抽搐、共济失调（步态不稳）、昏迷等症状。肝脏是蓝藻毒素主要的靶器官之一，因此中毒动物通常会出现黄疸（皮肤和黏膜发黄）、肝脏肿大、肝功能异常等症状。此外，中毒动物还可能出现呼吸困难、心律失常、体温异常等全身症状。

【诊断】

（1）询问病史　了解动物是否有接触含蓝藻毒素的水体或食物的历史。同时，了解动物近期是否有在蓝藻污染的湖泊、池塘、河流等水域附近进行活动。

（2）观察动物的临床症状　如出现呕吐、腹泻、呼吸困难、神经系统异常等症状，同时伴有黄疸、肝脏肿大等肝脏损伤的表现，可以初步怀疑为蓝藻毒素中毒。

（3）实验室检查　采集中毒动物的血液和尿液进行血常规、生化检查和尿液分析，以评估肝脏、肾脏和其他器官的功能状态。

（4）毒理学测试　采集中毒动物的呕吐物、血液等进行毒理学测试，以检测动物体内是否存在蓝藻毒素。

【治疗】

对中毒动物进行催吐、洗胃或给予活性炭以清除胃内的有毒物质。同时，对中毒动物进行支持性护理，包括提供充足的氧气以支持呼吸功能，补充体液和电解质以纠正脱水，提供营养支持以帮助动物恢复体力。此外，应根据动物中毒的严重程度和具体的临床症状进行对症治疗。例如，动物出现肝脏损伤时，应使用抗氧化剂来保护肝脏，并给予其他药物以促进肝脏功能的恢复。如果宠物出现呕吐、腹泻和神经症状，可以使用止吐药、止泻药和复合维生素 B 等以缓解相关症状。

【预防】

① 禁止动物在蓝藻污染的湖泊、池塘、河流等水域附近活动，以避免误食含有蓝藻毒素的水和食物。

② 日常生活中给予动物清洁的食物和饮水，必要时可以使用过滤器过滤水。

③ 密切关注动物的健康状态，如发现呕吐、腹泻、呼吸困难、神经系统异常等症状，应及时就医。

第六节　夹竹桃中毒
（oleander poisoning）

夹竹桃中毒是由于摄入夹竹桃的叶、皮、根、花粉等含有夹竹桃苷的有毒物质而引起的中毒反应。中毒的严重程度因摄入量和个体差异而异。轻度中毒可能出现食欲不振、恶心、呕吐、腹痛、腹泻等。重度中毒则可能出现心律失常、窦性心律转变为心房颤动等症状，甚至可能引发完全性房室传导阻滞，导致动物死亡。

【病因】

小动物夹竹桃中毒的病因主要是误食夹竹桃或人为使用夹竹桃投毒。

【发病机理】

夹竹桃含有多种有毒成分，其中强心苷类物质（欧夹竹桃苷和夹竹桃苷）是毒物主要来源。夹竹桃苷的毒理作用与洋地黄苷类似。在胃肠道内，对黏膜有强烈的刺激作用，并损伤肠壁微血管，导致出血性胃肠炎。吸收后夹竹桃苷能直接作用于心肌，高度抑制心肌细胞膜上 Na^+，K^+-ATP 酶系统的活性，使钠钾泵功能发生障碍，造成 Na^+、K^+ 在主动运转过程的能量供应停止，阻止了 Na^+ 的细胞外流和 K^+ 的细胞内流，因而导致心肌细胞内 K^+ 浓度降低，而 Na^+ 浓度升高，同时大量的 Ca^{2+} 进入胞内造成胞内钙超载，使心肌挛缩、断裂、收缩性减弱。缺钾可使心肌的自律性增高，引起心律失常，如过早收缩，异位搏动，异位心律，阵发性心动过速，甚至发生心室纤维性颤动等。同时，大量的强心苷还能直接抑制心脏传导系统，兴奋支配心脏的迷走神经，心冲动传导发生部分或完全阻滞，出现心动过缓，脱逸性心律，甚至心动停顿。

【临床症状】

（1）消化系统症状　食欲不振、恶心、呕吐、腹泻、腹痛等。

（2）神经系统症状　流涎、瞳孔散大、心悸、脉搏细慢不齐等。

（3）循环系统症状　夹竹桃苷会抑制心肌细胞膜上的三磷酸腺苷酶（钠泵），导致心肌细胞内钾离子浓度降低，进而引发心律失常、心率不齐等症状。严重的中毒可能导致心肌收缩力增强，引发心力衰竭和肺水肿。

（4）呼吸系统症状　如呼吸困难、呼吸急促等。这是由于夹竹桃中毒引起的多器官功能障碍，包括肺部的水肿和充血。

（5）其他症状　根据中毒的严重程度，动物还可能出现昏睡、抽搐、血便、昏迷甚至死亡等症状。

【诊断】

了解动物是否有过接触夹竹桃或其相关植物的历史，包括在夹竹桃生长的地方玩耍或摄食可能含有夹竹桃叶的食物。观察动物是否出现夹竹桃中毒的典型症状，如急性胃肠炎（呕吐、腹泻、腹痛等）、心律失常（如心跳缓慢、有间歇心律失常等）以及心力衰竭（如心肌痉挛、震颤音、心内外膜出血等）。此外，还可以进行一些实验室检查以辅助诊断。例如，检测胃内容物或呕吐物中是否存在夹竹桃叶碎片或采集血清、尿液、组织和胃内容物进行毒物分析。本病应与氟乙酸、氟乙酰胺、莫能菌素、棉酚等中毒及维生素 E-硒缺乏综合征和铜缺乏症进行鉴别。

【治疗】

首先，要确保动物不再继续接触夹竹桃或与其相关植物，以防止进一步摄入毒素。如果动物摄入夹竹桃的时间较短，可以进行洗胃，以清除胃内的有毒物质。同时，可以给予导泻剂，促进肠道内有毒物质的排出。

另外，夹竹桃中毒常导致心律失常，可以使用适当的抗心律失常药物，如利多卡因、苯妥英钠等。给予利尿剂，如呋塞米等，有助于排除体内多余的水分和毒素，减轻心脏负担。

【预防】

① 尽量不要在家里或小动物经常活动的区域种植夹竹桃。如果必须种植，确保它们位于小动物无法触及的地方。

② 如果小动物经常在户外活动，要注意周围的环境是否有可能存在夹竹桃。

③ 定期清除夹竹桃的落叶和残枝，以防止小动物误食。

第七节　乌头中毒
（aconite poisoning）

乌头为毛茛科乌头属一年生或多年生草本植物。乌头属植物约有 350 种，分布于亚洲、欧洲和北美洲。我国约有 167 种，除海南外，分布于全国各地，其中有 36 种可供药用。常见的品种除乌头外，还有北乌头，又名草乌、北草乌，分布于我国辽宁、吉林、黑龙江、内蒙古、河北、山东和山西等省、自治区；短柄乌头，又名雪上一枝蒿，毒性较乌头更大，分布于云南西北部、四川南部、新疆、甘肃及青海等省、自治区，生长在海拔 2000m 以上的高山草坡中；铁棒槌，分布于陕西、甘肃、青海、河南、西藏、云南及四川等地；黄花乌头，又名关白附，分布于辽宁、吉林、黑龙江、内蒙古、河北、河南和山东等省、自治区。乌头中毒是指动物过量采食乌头后，引起以流涎、呕吐、腹泻、心律失常、视觉和听觉减弱、肌肉强直、运动障碍为主要特征的中毒性疾病。

【病因】

小动物可能因为误食未经炮制的乌头类药物或过量摄入含有乌头碱的植物而中毒。

【发病机理】

乌头碱对心血管系统有明显的毒性作用。它可以兴奋迷走神经，抑制心肌的收缩力和传导系统，导致心律失常，如心动过缓、房室传导阻滞等。此外，乌头碱还可以直接作用于心肌细胞，引起心肌损害和坏死，严重时可能导致心力衰竭和心源性休克。乌头碱对神经系统也有毒性作用。它可以刺激中枢神经系统和周围神经系统，引起神经兴奋症状，如口舌及四肢麻木、全身紧束感等。严重中毒时，可能导致神经系统功能紊乱，出现昏迷、抽搐等症状。此外，乌头碱还可对消化系统、呼吸系统等产生毒性作用，引起恶心、呕吐、腹泻等症状，严重时可能导致呼吸衰竭和死亡。

【临床症状】

（1）心律失常　乌头中毒可能导致小动物出现心动过缓、房室传导阻滞等症状。这些症状可能会对心脏功能产生严重影响，甚至危及生命。

（2）消化系统症状　中毒的小动物可能出现恶心、呕吐、腹泻等症状。这些症状是由于乌头碱对消化系统的刺激作用导致的。

（3）神经系统症状　乌头中毒还可能引发神经系统的异常表现，如精神萎靡、呃逆、痉挛、抽搐等。严重中毒时，小动物可能出现昏迷或意识障碍。

（4）呼吸困难　中毒后的小动物可能会出现呼吸困难的症状，

这可能是由于乌头碱对呼吸系统的毒性作用导致的。

（5）其他症状　除了上述症状外，中毒的小动物还可能出现大小便失禁、体温异常、皮肤发绀等。

【诊断】

诊断乌头中毒首先要确认动物有无服用含有乌头碱类药物的历史。此外，临床症状是诊断乌头中毒的重要依据。中毒小动物可能出现口舌及四肢麻木、全身紧束感、头痛、头晕、低血压、面色苍白、口唇发绀、出汗、体温下降等神经系统和循环系统症状。此外，中毒小动物还可能出现恶心、呕吐、腹痛、腹泻等消化系统症状。如果条件允许，还可以进行毒物检测以进一步确认乌头中毒。毒物检测可以检测出血液或组织中乌头碱或其代谢产物的存在。

【治疗】

本病尚无特效解毒疗法，一般采取对症治疗。

病初，首先应用0.1%高锰酸钾溶液或0.5%鞣酸溶液反复洗胃。洗胃后灌服活性炭和氧化镁的混合物（活性炭2份，氧化镁1份），加水内服，促进乌头碱结合沉淀，减少吸收，最后再用泻剂以排出毒物。当呈现副交感神经兴奋时，可用阿托品肌内注射，解痉，改善微循环，防止虚脱。若出现后躯麻痹、呼吸衰竭时，可用硝酸士的宁皮下注射。此外，应注意及时强心、输液和补充营养。

【预防】

① 确保小动物无法接触到含有乌头碱的植物，如乌头、附子等。如果家中有这些植物，应将其放置在小动物无法触及的地方。

② 在使用含有乌头碱的药物时，应遵循医生的建议和指导，确保用药剂量和方式正确，不要自行增减剂量或改变用药方式。

③ 购买含有乌头碱的药物时，应选择正规药店或网站购买，确保药物的质量和安全性，不要购买来源不明的药物。

1. 麻黄中毒的临床症状是什么？治疗过程中应注意哪些问题？
2. 简述石斛中毒的诊断及治疗方法。
3. 简述蓝藻毒素中毒的发病机理。

第十章

灭鼠药中毒

◉【本章导读】

　　灭鼠药包括急性灭鼠药和慢性灭鼠药，在日常生活中具有广泛的应用。然而大量使用灭鼠药不仅会给其他动物健康构成巨大威胁，而且还会影响人类的身体健康。本章将详细介绍灭鼠药中毒伴随的临床症状和病理变化。

◉【学习目标】

　　1. 了解不同种类的灭鼠药对小动物健康的负面影响，并熟练掌握这些知识内容。
　　2. 掌握不同种类灭鼠药中毒后的解毒方法，避免出现误诊情况，最大限度地确保动物健康。

◉【本章概述】

　　灭鼠药被广泛用于生活中，避免鼠传播疾病、浪费粮食和破坏设施设备造成安全隐患。然而，过量使用灭鼠药可能会对其他动物健康构成巨大威胁。灭鼠药中毒主要是因犬、猫等动物误食灭鼠毒饵或被灭鼠药污染的饲料和饮水，以及因吞食被灭鼠药毒死的老鼠或家禽尸体而发生的中毒性疾病。灭鼠药种类繁多，大致分为抗凝血类（如敌鼠、华法林），无机磷类（如磷化锌、黄磷等），有机磷类（如毒鼠磷等），有机氟类（如氟乙酸胺、甘氯等），氰熔体类及其他（如安妥、溴甲烷等）等。本章内容重点介绍了不同的灭鼠药对小动物的危害和中毒症状，并给出了详细的治疗方案。

第一节　抗凝血灭鼠药中毒
（anticoagulant rodanticide posioning）

抗凝血灭鼠药中毒主要是由于动物接触、吸入或采食某种抗凝血灭鼠药所引起的以血液凝固力降低为特征的病理过程。自20世纪50年代开始，抗凝血灭鼠药开始在全球广泛应用，目前研制和使用的第一代抗凝血灭鼠药包括杀鼠灵、杀鼠醚、氯杀鼠灵、克杀鼠、敌鼠钠、氯鼠酮等。后来发现若想达到理想的灭鼠效果需进行连续多次投喂且容易出现抗药性。针对这种情况，科学家研发出了第二代抗凝血灭鼠剂包括溴敌隆、大隆、杀它仗、硫敌隆等。第二代抗凝血灭鼠药的毒力相对较强，投喂2～3次便可使小鼠致死。

【病因】
① 动物在外面活动时误食含有抗凝血灭鼠药的毒饵；
② 误食被灭鼠剂感染或杀死的鼠类或鼠尸引起中毒；
③ 动物直接接触灭鼠剂引起中毒；
④ 人为投毒。

【发病机理】
灭鼠药可在小肠中被完全吸收，但吸收缓慢，血清峰值出现在6～12h，吸收后大部分与血清蛋白结合，肝脏、脾脏和肾脏含量较高。研究表明，灭鼠药在犬血清中的半衰期为14.5h。抗凝血杀鼠药的杀鼠作用，一方面是作用于血管壁使其通透性增加，容易出血；另一方面是通过干扰凝血酶原等凝血因子合成，使血液不易凝固，这一过程主要是通过抑制环氧化物还原酶（还原剂为二硫苏糖醇，简称DTT）、维生素K还原酶和羧化酶的活性，切断维生素K的循环利用而阻碍凝血酶原复合物的形成，最终使凝血因子Ⅱ（凝血酶原）、Ⅶ、Ⅸ和Ⅹ含量降低，导致出血倾向。因机体广泛性出血造成缺氧和贫血，引起肝脏坏死。这种作用对已形成的凝血因子没有影响，而凝血酶原的半衰期长达60h，肝脏凝血因子合成被阻断后，需要待血液中原有的凝血因子耗尽（大约1～3d），才能发挥抗凝血作用。因此，这类药物的抗凝血作用发生缓慢。而犬、猫中毒常常发生于一次性误食，连续几天误食的可能性很小。

另外，一些因素可增强抗凝血灭鼠药的毒性，包括长期口服抗生素或磺胺或食入高脂肪的精料，均可造成细菌合成维生素K不足；肝功能异常或其他产生血液凝固因素的组织受损；存在其他可增进毛细血管通透性或引起凝血障碍、出血、贫血、溶血或缺失血红蛋白的毒物；保定、肌肉活动或兴奋；存在能从血浆蛋白上取代抗凝血剂的药物，如保泰松、羟基保泰松、苯妥英钠和水杨酸盐；服用可增进受体部位对抗凝血剂亲和力的激素，如促肾上腺皮质激素、类固醇激素或甲状腺激素；外伤（包括外科手术）；肾功能不全；发烧；新生动物和极度虚弱的动物对抗凝血灭鼠药特别敏感，而泌乳动物及服生乳剂的动物对抗凝血灭鼠药具有耐受性。

【临床症状】

犬中毒初期主要表现为兴奋不安、前肢抓地、乱跑、哀鸣，继而站立不稳。犬中毒后期出现精神高度沉郁、食欲废绝、恶心、呕吐；结膜苍白、黏膜有出血点；呼吸迫促、心律不齐；从嘴角流出血样液体、尿液呈酱油色、排带血粪便，在3～7d死亡。猫表现为流涎、呕吐、腹泻、粪便带血、行走摇晃无力、四肢刨地、嚎叫不安、阵发性痉挛。

【诊断】

（1）病史调查　详细了解动物中毒发生的时间、地点及既往病史；查看小动物饲料和饮水，分析饲料是否存在过期霉变的可能，以及近期有无放置灭鼠药。

（2）临床检查　对中毒动物进行全面检查，按照中毒病因不同，动物常表现血流不止，以及消化道症状（呕吐、腹泻、腹痛等）、呼吸道症状（呼吸困难）和神经症状（流涎、运动失调、痉挛、抽搐、昏迷等），根据收集到的症状，结合病史，逐渐缩小可疑毒物的范围，大致推断出毒物的种类，为临床急救提供依据。

（3）解剖检查　灭鼠药往往会出现急性中毒的情况，因此对急性中毒死亡的小动物可进行解剖检查，以明确病因，防止其他小动物中毒。因动物大多经消化道摄入毒物而中毒，所以检查消化道病变，内容物色泽、性状等对诊断有重要意义。

（4）可疑饲料的毒物检测　采集中毒动物的呕吐物、胃洗出物、食物、血液、尿液等进行化验，死亡动物可采集肝、肾等实质器官进行检测。

（5）定性检测　敌鼠钠的定性检测法主要有三氯化铁反应和盐酸羟胺反应。

三氯化铁反应：取提取浓缩液少许，加无水乙醇 1.5mL 溶解，加 9％三氯化铁溶液 1～2 滴，若含有敌鼠钠，有红色悬浮物生成。加氯仿 0.5mL，蒸馏水 0.5mL，充分振荡，氯仿层呈明显红色。

盐酸羟胺反应：取提取浓缩液 5 滴，加无水乙醇 1mL 稀释，然后逐滴加入 5％盐酸羟胺溶液，若含有敌鼠钠，可出现白色浑浊，含量高时，可出现白色沉淀。

【治疗】

早期可催吐，用 0.02％高锰酸钾溶液洗胃，并用硫酸镁或硫酸钠导泻。出现中毒症状后应加强护理，使动物保持安静，尽量避免运动及创伤，供给干净的饮食和饮水。严重的病例应静脉输血，10～20mL/kg，25％剂量可快速输入，其余应缓慢滴注。并尽早应用维生素 K 制剂，维生素 K_1 效果最好，犬用量为 3～5mg/kg、猫用量为 15～25mg 肌内注射或皮下注射，也可加入葡萄糖溶液中静脉注射，但速度要缓慢，口服剂量为 0.25～2.5mg/（kg·d）；注射时应选择小号针头，以免引起局部出血。持续用药时间因灭鼠药不同而有差异，杀鼠灵中毒需 10～14d，溴敌隆需 21d，敌鼠钠、大隆等需 30d。

【预防】

加强灭鼠药和毒饵的管理，毒饵投放地区应严加防范犬、猫误食，并要及时清理未被鼠吃掉的残剩毒饵和中毒死亡的鼠尸，配制毒饵的场地需进行无毒处理。

第二节 安妥中毒
（antu poisoning）

安妥化学名为 α-萘硫脲，纯品为无色无味的白色结晶，是一类人工合成的急性灭鼠药。安妥主要用于防治褐家鼠及黄毛鼠，对其他鼠种毒性较低。安妥被鼠类食用后通常会在 6～72h 发挥作用，导致鼠类死亡。虽然安妥对其他动物影响较小，但是在大量误食的情况下也会引起中毒。

【病因】

动物可因食入、吸入或经皮肤吸收安妥而导致中毒。若误食、误用灭鼠药制成的毒饵，可造成动物中毒或二次中毒。具体原因可归纳为：

① 小动物误食了含有安妥的毒饵而导致中毒；

② 捕食了食用过安妥的鼠类或鼠尸而导致中毒；

③ 直接接触安妥或舔舐安妥导致中毒；

④ 人为投毒。

【发病机理】

安妥经胃肠道吸收，主要分布于肺、肝、肾和神经系统组织中，通过肾脏排出。安妥的主要毒性作用是经交感神经系统阻断缩血管神经作用，使肺部微血管壁的通透性增加，大量血浆漏入肺组织和胸腔，造成肺水肿和胸腔积液，从而引起严重的呼吸障碍和窒息死亡。犬摄入安妥后 90min，肺脏淋巴流量开始增加，8h 达正常的 80 倍。安妥增加微血管壁通透性的确切机理尚不清楚。其次，安妥的有效成分萘硫脲分子结构中硫脲部分，在组织中水解为氨（NH_3）和硫化氢（H_2S），对组织呈现局部刺激作用。研究显示，巯基阻断剂可有效解除安妥的毒性，认为安妥与巯基反应是其毒性机制的组成部分。此外，安妥还有抗维生素 K 的作用，其抑制凝血酶原等维生素 K 依赖性凝血因子的生成，使血液凝固性下降，导致出血倾向，从而引起各组织器官出血。

【临床症状】

犬、猫中毒的表现为：食入几分钟至数小时后，出现呕吐、口吐白沫、继而腹泻、咳嗽、高度呼吸困难、精神沉郁、可视黏膜发绀、鼻孔流出泡沫状血色黏液，胸肺听诊有广泛的湿性啰音，脑膜轻度充血。一般摄入后 10～12h 出现昏迷嗜睡，少数在摄入后 2～4h 内死亡。由于呼吸困难犬多采取坐姿，脉速弱，低温，12h 后，可能会因缺氧窒息死亡。

【诊断】

根据误食安妥毒饵的病史，结合呼吸困难、流血样泡沫状鼻液及肺水肿等特征性症状，可做出初步诊断。本病应与有机磷农药中毒进行鉴别诊断，有机磷农药中毒也呈现肺水肿，但无胸腔积液。确诊必须对胃肠内容物、呕吐物及残余饲料等进行安妥检测。此外，还可以进行定性检测以确定是否为安妥中毒。具体如下：

（1）溴化反应　取待检残渣少许，用冰醋酸 2mL 溶解，滴加饱和溴水至溶液显黄色，如有安妥，在滴加溴水过程中可看到有蓝灰色絮状物生成（含安妥量多时呈沉淀，含量少时溶液浑浊），加 10%氢氧化钠溶液使呈碱性。除去过量的溴，然后加乙醚，振荡，乙醚层呈紫红色表明含有安妥。若以氯仿代替乙醚，氯仿层呈紫蓝色表明含有安妥。

（2）米龙试剂反应　取提取残渣少许于试管中，加乙醇 1mL 溶解，加米龙试剂 2 滴，如生成白色絮状沉淀，表明有安妥存在。

（3）偶氮反应　取提取残渣少许于小试管中，加无水乙醇 2mL 溶解，加对氨基苯磺酸混合试剂 20mg，充分振荡溶解，再水浴加热 5min，取出放置 5min 后观察，若含有安妥，溶液显红色。

【治疗】

安妥中毒尚无特效解毒药，临床上主要以排除毒物、强心利尿、缓解肺水肿为治疗原则，采用常规催吐、洗胃、灌肠等急救措施，结合静脉放血，缓解肺水肿和胸膜渗出。由于本病肺水肿发生很快，且无特效解毒药物，主人应配合密切监护动物体征的变化。

（1）促进毒物排出　发病初期应立即清除口腔呕吐物和气管分泌物，使用呕吐剂（阿扑吗啡，0.07mg/kg，肌内注射）和洗胃净（硫酸镁溶液 50～100mL），促进毒物排出。必要时做气管插管，严密观察呼吸频率，保持呼吸道通畅，尤其是犬、猫出现强直性抽搐时应防止窒息和呼吸停止。

（2）应用利尿剂　如速尿，2～4mg/kg，每隔 8h 用药 1 次，用于消除胸水、心包液及减轻肺水肿和胸膜渗出。为预防肺水肿，可给予含巯基的药物，也可用 20％甘露醇和 50％葡萄糖交替静脉注射。

（3）应用止血剂　注射具有强化血管的肾上腺色素缩氨脲磺酸钠（5～50mg/d）和维生素 K（10～25mg/次），增强凝血酶原等维生素 K 依赖性凝血因子的生成。

（4）补液强心　补充糖加林格氏液或生理盐水（20～50mL/kg），并在补液中添加维生素制剂和强心剂。

（5）对症治疗　当出现肺部症状时，应用抗胆碱药物阿托品、喷洒表面活性剂（硅）和实施高压氧气吸入。

【预防】

① 加强对安妥及毒饵的使用管理，其存放必须与饲料、饲草严格分开。

② 投放毒饵以夜间为宜，次日早晨及时收取，以防人畜误食中毒。

③ 中毒死亡的鼠尸及动物尸体应作深埋处理。

④ 提高警惕，防止人为投毒。

第三节　溴甲灵中毒

（bromethalin posioning）

溴甲灵（Bromethalin）化学名称为 N-甲基-2,4-二硝基-N-(2,4,6-三溴苯基)-6-(三氟甲基) 苯胺，外观为淡黄色结晶状固体，无味，熔点 150～151℃。本药纯品毒性极强，且目前尚无解毒药物，对陆栖动物和水栖动物的毒性可因动物种类不同而异。猫对溴甲灵较为敏感，若不规范使用可能导致猫中毒死亡。急性中毒动物主要临床症状为战栗、阵发性抽搐，最后因呼吸衰竭而死。

【病因】

溴甲灵作为急性灭鼠剂，用于农田防治野鼠时可不用前饵，直接投放，若用于防治家栖鼠时，常制成食物毒饵。将其稀释为 0.1% 或 0.5%，对非靶动物的毒性可明显降低，并且对皮肤和眼睛无刺激，也无吸入危险。日常生活中，溴甲灵中毒的原因主要为动物误食毒饵，或使用剂量过大而导致二次中毒等。具体原因可归纳为：

① 使用溴甲灵时操作不规范，导致溴甲灵污染食物，犬、猫误食被溴甲灵污染的食物引起中毒；

② 猫捕食处于溴甲灵中毒潜伏期的鼠，鼠体内存在的溴甲灵剂量若达猫致死量，可导致猫溴甲灵中毒，即二次中毒；

③ 动物直接误食毒饵；

④ 人为投毒。

【发病机理】

敌溴灵是溴甲灵的初级代谢产物，可在中毒动物的肝、脑组织中被提取出来。研究显示，敌溴灵能够影响线粒体的生物氧化酶系统，使线粒体的氧化磷酸化发生障碍，抑制三磷酸腺苷（ATP）的产生，导致细胞能量供应不足；降低 Na^+，K^+-ATP 酶的活性，造成细胞膜钠-钾泵功能降低，钠泵不能有效发挥 Na^+ 的主动运输

功能而致细胞内的 Na^+ 蓄积，使细胞嗜水性增强，进入大量水分，引起细胞液体充盈，器官水肿，细胞体积肿大，进而影响细胞的正常生理功能。此外，毒物还可以通过血脑屏障进入大脑细胞，通过上述反应导致神经髓鞘间的空泡充满液体，脑脊髓液压升高，神经冲动的传导降低，进而麻痹、瘫痪致死；中枢神经系统也会由于颅骨和脊椎骨的限制，脑脊髓压升高，神经受到压迫导致鞘膜脱落，神经传导减弱，致使中毒动物死于呼吸衰竭。

【临床症状】

中毒较轻的动物会出现蜷缩、不喜动；重者出现昏睡、抽搐、昏迷等。严重中毒的小动物头颅 CT 显示大脑白质密度降低，MRI 检查见大脑白质 T2 高信号、苍白球 T2 低信号。死亡病例的脑病理检查可见大脑白质空泡样变性或呈疏松网状结构，部分神经细胞变性及出现不典型嗜神经现象。

【诊断】

（1）病史调查　询问主人最近是否在小动物活动范围内放置过灭鼠药。

（2）临床检查　检查其临床症状及有无溴甲灵接触史和典型的中枢神经损伤症状。检测其呕吐物或剩余物中是否含有溴甲灵。急性溴甲灵中毒应与病毒性脑炎及以中枢神经损伤为主的其他急性中毒性疾病相鉴别。

【治疗】

早期溴甲灵中毒应立刻进行催吐和洗胃以清除毒物。然后，根据实际情况给予小剂量的苯巴比妥，有助于加速代谢，促进毒物排出。误食溴甲灵一天后应该注意脑水肿、脑脊液压升高等症状。可给予地塞米松皮下注射或静脉滴注，剂量为 0.75mg/kg，每日 2 次，或用 25%甘露醇等利尿剂治疗，加速排毒。

【预防】

① 加强对溴甲灵及毒饵的使用管理。

② 中毒死亡的鼠尸及动物尸体应作深埋处理，以防造成二次中毒。

第四节 磷化锌中毒
（zinc phosphide poisoning）

磷化锌是一种常见的剧毒杀鼠剂，是由赤磷和锌粉烧制而成的无机磷化合物，其性质不同于有机磷农药。磷化锌为铁灰色或黑色而有光泽的结晶状粉末，遇水、酸及阳光能缓慢分解产生无色、有剧毒、蒜臭味的磷化氢气体，从而达到灭鼠的目的。磷化锌中毒主要是因动物接触磷化锌或误食含有磷化锌的毒饵而发生的一系列病理变化。犬、猫误食毒饵或中毒后一般 1～3h 内出现症状，临床特征一般以消化系统、呼吸系统或中枢神经系统异常为主要特性。

【病因】

磷化锌残留期较长，且属于剧毒级毒物，动物可因食入、吸入或经破损的皮肤吸收而产生毒性作用。此外，如果使用时方法不当、用量过大或误食混入磷化锌药物的食物或饮水也可造成动物中毒。犬、猫磷化锌中毒的具体原因可归纳如下：

① 误食被磷化锌污染的食物；

② 误用沾染磷化锌的玩具或容器；

③ 在放置过磷化锌的地方玩耍时舔舐、吸入毒物；

④ 人为恶意投毒；

⑤ 食入磷化锌毒死的动物尸体而发生二次中毒。

【发病机理】

磷化锌在胃酸作用下可以分解产生磷化氢和氯化锌。磷化氢对胃肠黏膜有刺激作用，被胃肠道吸收，随血液循环分布于肝脏、心脏、肾脏和骨骼肌等组织器官，抑制细胞色素氧化酶，影响细胞代谢，引起细胞窒息，使组织细胞发生变性、坏死；主要损害中枢神经系统、呼吸系统和心脏、肝脏、肾脏等实质性器官，导致多器官功能障碍，出现一系列临床症状。氯化锌对胃肠黏膜有强烈的刺激与腐蚀作用；与磷化氢一起导致黏膜充血、出血和溃疡；若为吸入性中毒，还可刺激呼吸道黏膜，引起肺充血、肺水肿。

【临床症状】

一般误食毒饵后 15min 至 4h 出现临床症状，个别可延迟至 18h。严重中毒者可在 3～5h 内死亡，很少超过 48h。主要症状是呼吸系统、消化系统和中枢神经系统的病理变化。

犬一般表现为流涎、呕吐、全身震颤、侧卧；出现持续性痉挛，近似马钱子碱中毒引起的抽搐，最后因衰竭而死亡。

猫中毒初期表现不安，后嗜睡，全身发抖尖叫，四肢痉挛，卧地不起；流涎、呕吐、腹泻，呕吐物和粪便均有蒜臭味，有的出现大便失禁，呼吸困难。

【诊断】

（1）病史调查 详细了解小动物中毒发生的时间、地点；检查最近投喂的食物及饮水的质量，以及室内或庭院内有无放置灭鼠药等。

（2）临床检查 根据误食毒饵或染毒饲料的病史，结合流涎、呕吐、腹痛、腹泻、呼吸困难，及呕吐物、呼出气体和胃内容物带大蒜臭味等症状，即可初步诊断。本病应与有机磷农药中毒及引起犬、猫急性呕吐的传染病进行鉴别。

（3）解剖组织检查 首先进行体表检查，注意口腔黏膜颜色变化，对皮下脂肪、肌肉、脏器进行检查，再解剖中毒动物，仔细闻胃内容物气味，仔细观察胃黏膜、口腔黏膜以及肝脏、肾脏、心脏等组织器官是否发生特征性病变，对病变组织进行显微镜检查。

（4）可疑毒物检测 对呕吐物、胃内容物或残剩饲料进行磷化锌检测，主要是检测磷和锌，因磷化氢气体容易挥发，送检样品需密封、冰冻保存。

（5）治疗性诊断 根据临床症状，通过治疗效果进行验证诊断，如治疗效果较好，可据此作出诊断。

【治疗】

本病尚无特效解药，治疗目标是进行安全有效的脱磷，然后进行症状性和支持性护理。

（1）对因治疗

① 灌服1％硫酸铜溶液，起催吐作用的同时，硫酸铜可与磷化锌生成不溶性磷化铜沉淀，从而阻止毒物吸收和降低毒性。

② 用0.1％～0.5％高锰酸钾溶液洗胃，使磷化锌氧化为磷酸盐而失去毒性。

③ 口服活性炭，口服硫酸钠或石蜡油导泻，禁用硫酸镁。

④ 服用液体抗酸剂（如氢氧化铝、氢氧化镁或碳酸钙），有助于提高胃内pH值，从而减慢或停止磷化氢气体的产生。

（2）对症治疗

① 镇静：用安定或苯巴比妥，同时静脉注射5％碳酸氢钠溶液缓解酸中毒，配合强心、补液和应用类固醇皮质激素预防休克。

② 减轻肺水肿和肝脏损伤：在镇静的情况下，酌情加入10％葡萄糖酸钙溶液，同时应用复合维生素B和右旋糖酐。

③ 由于磷化氢的腐蚀性，应该使用胃保护剂。可使用奥美拉唑、米索前列醇等药物。

【预防】

① 加强磷化锌的保管和使用，包装磷化锌毒饵的袋子作安全处理。

② 最好夜间投放毒饵，次日早晨除去毒饵，以防止犬、猫接触毒饵。

③ 投放毒饵后，应及时清理未被采食的剩余毒饵，并对中毒死鼠作深埋处理。

【复习思考题】

1. 抗凝血灭鼠药中毒的临床症状有哪些？

2. 抗凝血灭鼠药中毒是否有特效解毒药，治疗方案是什么？
3. 安妥中毒出现的临床症状有哪些？
4. 溴甲灵中毒是否有典型临床症状？
5. 磷化锌中毒的发病机理是什么？

第十一章

矿物类物质中毒

● 【本章导读】

　　现代工业的迅速发展，导致了生态环境的严重破坏。这些污染物不仅对生态系统产生了显著影响，还能够直接威胁人类和动物健康。无机污染物是导致人和动物疾病日益上升的主要因素之一。与有机污染物相比，无机污染物在环境中残留时间更长，并可以通过食物链进入动植物体内产生有害作用。铅、镉、汞、砷、氟等元素被证实为环境中最具危害性的有害物质。以镉为例，在1971年世界环境会议上就已确定其为最危险的无机环境污染物之一。此外，在20世纪40年代，日本神通川流域发生了"痛痛病"事件，该事件主要是由矿厂排放的含镉废水污染当地稻田土壤所致。此外，在甘肃白银有色金属冶炼过程中排放出来的工业废弃物（即"三废"）包含大量铅和镉等重金属元素，这些重金属通过空气或者雨水冲刷进入土壤和草地后造成了广泛和持久性的农田及牧草污染。以上案例表明，在工业化进程中，必须高度关注无机污染物对周围环境及人畜健康的潜在威胁，并采取有效措施减少或消除这些危害因子。

　　本章将重点解答不同种类的矿物质对小动物健康产生的影响以

及相关临床症状等问题。

◉【学习目标】

1. 了解常见矿物质元素中毒的原因和剂量。
2. 掌握常见矿物质元素中毒的诊断与预防。

◉【本章概述】

工业和经济的发展对自然环境造成了严重的破坏。铅、镉、汞、砷、氟、铜、锌、钼和镍等无机物进入环境后可以长期滞留在环境中，直接或间接地危害动物健康。因此，本章主要探讨不同类型矿物质对动物健康的影响，并阐述如何鉴别和治疗动物矿物类物质中毒问题。

第一节　锌中毒
（zinc poisoning）

锌是动植物生长发育及维持正常生理功能所必需的微量元素之一。研究发现，锌广泛存在于动物组织中，对动物的生长发育、免疫功能、生殖能力和创伤愈合等方面具有重要影响。然而，过度摄入锌可能引起机体中毒反应。锌中毒初期主要表现为呕吐和食欲不振，随着时间推移可能进展为溶血和贫血。严重的锌中毒可导致多器官衰竭（如肾脏、肝脏、胰腺和心脏）、弥漫性血管内凝血（DIC）以及心肺骤停，并最终导致死亡。

【病因】

犬、猫锌中毒的主要病因是摄入含有锌金属的物质，如硬币、金属螺母、螺栓、订书钉、镀锌涂层、玩具、金属拉链以及各种金属混合物。在猫中，锌中毒并不常见，可能是由于其饮食生活习惯与犬有所不同。不同年龄和品种的犬在摄入含锌金属物质后均可出现中毒症状，且幼犬由于体重较轻，对锌更为敏感。

【发病机理】

高浓度的锌可刺激、腐蚀胃肠黏膜，引起急性胃肠炎。吸收后高浓度锌的直接毒性使膜性结构的脂质双分子层的生理性稳态和细胞表面的糖蛋白含量发生改变，从而改变膜上重要含锌酶的结构，导致膜的主动运输障碍及细胞功能丧失。锌中毒也可以降低细胞的增殖力，使外周血液粒细胞、腹腔巨噬细胞的吞噬杀菌能力下降，导致动物免疫功能受损。此外，锌还影响铜和铁的吸收，引起贫血等。

【临床症状】

过量摄入锌后的临床症状可在摄入后不久（少于 2h）出现，且这些症状会随着锌的形态和来源而有所变化。中毒初始阶段的动物通常表现为胃肠道不适，如呕吐、食欲减退、腹泻、便血，同时还可能伴有抑郁和嗜睡。此类早期临床症状与病毒或细菌性胃肠炎相似，但其程度可能更为严重。根据中毒剂量的不同，动物可在数小时至数天内发生血管内溶血反应，其特征包括黏膜变白或变黄、心动过速、高血红蛋白水平和尿中存在红细胞及血红蛋白、持续呕吐、厌食、抑郁以及体重减轻。

【诊断】

（1）病史调查　详细了解动物是否存在异物吞食情况，并获取有关异物种类、摄入数量、吞食时间以及既往病史的相关信息。

（2）临床检查　对中毒动物进行全面检查，这是锌中毒诊断中最主要的部分。锌中毒的动物可能会表现出消化系统、神经系统、呼吸系统以及循环系统的症状，包括呕吐、腹泻、厌食、精神沉郁和溶血性贫血。需要注意的是，一些犬在锌中毒后可能没有明显的临床表现，需进一步结合其他检查。

（3）X 射线检查　通过 X 射线可以观察到动物胃肠道内形成的含锌异物所产生的放射致密影像。

（4）血常规检测　白细胞增多，并伴有中性粒细胞和单核细胞增多以及淋巴细胞减少。此外，还可能出现血小板减少。

（5）生化指标　生化检测显示 AST、ALP、淀粉酶、脂肪酶、尿素氮和肌酐含量升高。

（6）尿液检查　尿液中可能出现胆红素、血红蛋白和蛋白质，并且尿液可能呈等渗状态。

（7）测量血清锌含量　采集中毒动物的血液进行锌含量检测，当锌含量超过 5mg/L（正常犬、猫为 0.7~2mg/L）时可确诊为锌中毒。

（8）治疗性诊断　根据临床症状，通过治疗效果进行验证诊断。

【治疗】

锌中毒的治疗目标是清除异物（例如通过手术或刺激中毒动物呕吐），同时进行对症和支持性治疗。

（1）清除异物　使用催吐剂诱发无症状动物呕吐。需要注意的是，活性炭在临床上不具备与锌结合的能力，因此不应该给予中毒动物活性炭治疗。一旦中毒动物的病情稳定下来，应立即采取内窥镜或开腹胃切除术等方法取出异物。当异物被移除后，体内锌含量将迅速降低。

（2）对症和支持性治疗　由于锌中毒有并发急性肾衰竭的可能，所以在治疗过程中应适当进行静脉输液从而维持机体水合与组织灌注量。对于中毒动物持续的低血压，可进行胶体治疗（如羟乙基淀粉）和血管抑制剂治疗。若患有严重贫血或有贫血相关症状的动物可输全血或载氧的人造血。此外，在治疗过程中也可以给予一些具有胃保护作用的药物如法莫替丁、奥美拉唑、泮托拉唑、碳酸钙等，以降低胃酸分泌，提高胃内 pH 值，从而降低溶解和肠道吸收锌的速度。

关于锌中毒病例是否需要使用螯合剂治疗还存在争议。一些动物在锌中毒后，仅通过辅助疗法和排出毒源即可康复。在排出毒源后，体内锌含量会迅速下降，无需使用螯合剂进行治疗。尽管螯合剂可以加速锌的排泄并促进康复，但它也可能增加肠道对锌的吸收。依地酸钙钠（EDTA 钙钠）能够与锌形成络合物，并建议每日以 100mg/kg 的剂量进行静脉注射或皮下注射，共 3d（通常稀释后分 4 次注射）。然而，这种治疗方法有可能加重由锌引起的肾毒性反应。据报道，在美国已经开始使用 D-青霉胺作为 EDTA 钙钠的替代药物来治疗动物锌中毒。D-青霉胺是一种有效的螯合剂，可以减少金属过量所导致的毒性作用，并因此被认为适用于治疗锌中毒。

治疗时避免使用肾毒性药物或氨基糖苷类药物，可能会导致肾衰竭。

【预防】

锌中毒的主要预防措施在于生产过程中避免土壤中施用过多的锌肥料，以及禁止在动物日粮中滥用过量的锌制剂。

第二节 铁中毒
（iron poisoning）

铁是生物体所必需的元素，是构成血红蛋白、肌红蛋白、血红色素和多种氧化酶的重要成分，在血液中与氧的运输、细胞内生物氧化有密切的关系。研究显示，多种维生素、膳食矿物质补充剂、人类妊娠补充剂、化肥以及某些类型的暖手器都可能产生高浓度电离铁。大剂量离子态铁可能会对胃肠道黏膜有腐蚀作用，从而破坏正常黏膜对铁吸收的限制机制。铁中毒主要影响消化道、肝脏、心血管系统和中枢神经系统，摄入大量铁时存在潜在危险。

【病因】

临床上，铁中毒主要是由于过量内服硫酸亚铁、乳酸亚铁或枸橼酸铁铵等铁盐，以及注射右旋糖酐铁、山梨醇铁等复合物所致。任何一种铁剂均可引起全身反应。在肝组织中，大量的铁可以被检测出来，特别是患有慢性酒精中毒时，更容易增加肠道对铁的吸收。导致铁中毒的原因主要包括：

① 日粮中添加过量的苏氨酸铁或硫酸亚铁，导致动物铁中毒。

② 炼铁厂或合成羰基铁厂排放的污水含有高浓度的可溶性铁化合物，对饲草和饮水造成了严重污染，动物食用后引起中毒。

③ 在进行铁冶炼、合金制备以及焊接过程时，由于通风条件不佳，动物可能会吸入到氧化铁颗粒形式的烟尘，引起中毒。

④ 治疗贫血时口服过量的铁剂或者误服含有高浓度铁盐的化学品导致中毒。

【发病机理】

大量铁进入血浆中，超过血浆的正常结合能力，过多的铁可能与 β-球蛋白呈松散的形式结合，这种铁与蛋白质易于分离，游离出来的铁可引起一系列的中毒反应。经口服引起的急性中毒，首先表现为铁离子作用于胃肠道黏膜，由铁触发产生自由基，干扰细胞呼吸，损伤组织细胞，引起休克和代谢性酸中毒。如不能及时处理，铁被吸收进入全身组织细胞，触发的自由基反应使细胞肿胀坏死，特别是肝脏首先受损，其次可严重损伤重要脏器，造成多器官衰竭，可危及生命。当铁长期不断进入机体可引起慢性中毒，表现为铁色素沉着，胃肠道功能异常，腹股沟淋巴结肿疼等，重者可有肝坏死和心肌变性。铁还可诱发肿瘤、心脏血管损害、骨质疏松等多种疾病。

【临床症状】

急性铁中毒的临床特征主要表现为出血性胃肠炎、腹泻和呕吐，在这种情况下，胃肠道上皮细胞广泛且严重坏死。急性出血性胃肠炎初期阶段，中毒动物体温正常，同时伴有腹泻和呕吐；随后 24~48h 内发生休克，并伴有血压下降和惊厥；大约 30d 可能会出现急性肝坏死和肝昏迷最终致死。此外，在急性铁中毒时，中毒动物的血液 CO_2 结合率降低，血小板减少，白细胞总数增加，且血清丙氨酸转氨酶（ALT）和天冬氨酸转氨酶（AST）活性升高以及血清铁浓度增加等。

慢性铁中毒的主要临床症状包括血清铁和血清铁蛋白含量增加，以及肝脏、脾脏、胰腺和皮肤中大量的铁沉积，导致心力衰竭。动物在羰基铁中毒时会出现呼吸困难、皮肤发青紫、眼球震颤、声音嘶哑无力以及四肢麻痹等症状。

【诊断】

根据病史、临床症状和病理变化即可作出诊断，要确诊可进行饲料和血清铁含量测定。

【治疗】

治疗原则包括减少铁的进一步吸收、纠正低血容量性休克和代谢性酸中毒、治疗胃肠道症状以及消除游离铁。

（1）急救处理

① 将未被吸收的铁从胃中清除，以防止进一步对胃肠道和全身造成损害。如果摄入的铁与药丸或粪石发生了吸附，并且灌洗无法去除这些附着物，需要紧急进行胃切开手术。需要注意，在出现呕血时，洗胃不可行，因为会增加穿孔风险。

② 适当进行螯合治疗。通过螯合剂来结合全身游离铁，以防止铁进一步氧化组织损伤。在螯合治疗期间，每 6～8h 监测一次血清铁和总铁结合力（TIBC），直到 TIBC 大于血清铁水平为止。

（2）对症治疗

① 呕血和便血时可使用氨甲苯酸、氨基己酸、巴曲酶（立止血）或云南白药等。上消化道出血者还可使用西咪替丁或奥美拉唑，必要时可输血。

② 根据脱水和低血容量需要，在 24～72h 内静脉输液以减轻临床症状。这有利于维持水电解质和酸碱平衡，纠正低血压，改善心功能，以及促进尿中螯合铁的消除。

③ 为了治疗胃肠道损伤并降低狭窄形成的风险，可以考虑使用抗胃溃疡药物、镇痛剂或硫糖铝等。

【预防】

① 铁剂作药用时应严格控制剂量，尽量采用短程、小剂量疗法。

② 铁剂用作日粮添加剂时必须严禁添加过量，并需要充分搅拌均匀。

③ 与铁有关的工厂或矿场等要注意"三废"处理，防止动物饮水中含铁量过高。

④ 使用铁剂时注意多补充维生素 C。

⑤ 硒和维生素 E 对铁中毒病有一定的保护作用。在硒和维生素 E 缺乏的情况下，要先补硒和维生素 E 后再补充铁。

第三节　铅中毒
（lead poisoning）

铅中毒是动物摄入过量的铅而引起的以神经功能紊乱、共济失调和贫血为特征的中毒性疾病。铅为蓄积性毒物，小剂量持续进入体内能逐渐积累而呈现毒害作用。根据暴露程度和持续时间的不同，可将其分为急性铅中毒和慢性铅中毒。犬和猫可通过多种途径接触到铅如汽车电池、骨餐补充剂、陶瓷釉料（陶器、土器、骨瓷器、陶瓷）、含铅油漆、铅焊料、含铅汽油、电子设备、油毡纸、砷酸铅杀虫剂等导致中毒。

【病因】

动物可因误食含铅的物品（油漆、铅箔、铅球、含铅玩具）、使用含铅的容器以及吸入含铅的工业粉尘等而导致中毒。铅可经消化道、呼吸道和皮肤吸收而导致中毒。幼龄动物的消化道对铅的吸收率更高，因此更容易受铅的影响。

【发病机理】

铅会对造血系统造成损害并引起贫血。循环铅大部分载附于红细胞膜上，过量的摄入铅后，对红细胞膜及其酶有直接的损害作用，使红细胞脆性增加，寿命缩短，导致成熟的红细胞溶血。另外，铅与蛋白质上的巯基（—SH）有高度的亲和力，在血红素生物合成过程中能作用于脊髓的各种含巯基酶，特别是 δ-氨基-γ-酮戊酸脱水酶（ALAD）、δ-氨基-γ-酮戊酸合成酶（ALAS）以及亚铁螯合酶（ferrochelatase）。ALAS 和 ALAD 活性的抑制导致 δ-氨基-γ-酮戊酸（ALA）形成胆色素原（porphobilinogen，PBG）的过程受阻，血液、尿 ALA 含量增加。铅对粪卟啉原氧化酶（coproporphyrinogenoxidase）也有抑制作用，使红细胞和尿液中粪卟啉（coproporphyrin）含量升高。铅对亚铁螯合酶的抑制，影响原卟啉与 Fe^{2+} 的结合，进而导致血红素的合成障碍以及幼红细胞内蓄积铁（形成环形铁粒幼细胞）和游离原卟啉（free erythrocyte protoporphyrin，FEP）。同时，铅还影响珠蛋白的合成，使体内血红蛋白合成减少。因此，动物铅中毒表现低色素小红细胞性贫血。由于贫血，骨髓幼红细胞代偿性增生，表现为点彩红细胞（basophilic stippling）和网织红细胞增多。点彩红细胞为一种具有嗜碱性颗粒的红细胞，体积较大，点彩颗粒是铅与线粒体中核糖核酸的结合物。据报道，点彩红细胞和红细胞脆性增加主要是铅抑制核苷酸酶的结果。另外，动物实验表明，铅可升高血红素氧化酶（heme oxidase）的活性，使胆红素合成增加。铅对上述酶活性的抑制，特别是血液中 ALAD 活性和尿液 ALA 含量，与血液铅水平有高度相关性，可作为动物摄入铅早期的生化标识。

铅对神经系统的损伤表现为中毒性脑病和外周神经炎。铅能够危害血脑屏障，导致毛细血管内皮受损，进而减少大脑皮层的血液供应，引发坏死性病变和水肿。外周神经因节段性脱髓鞘（segmental demyelination）而妨碍神经传导和肌肉活动，导致运动失调。除此之外，过量的铅引起神经介质及神经传导有关的酶活性改变，表现一系列神经症状。如引起神经传导介质儿茶酚胺的代谢紊乱；影响胆碱酯酶的活性，导致乙酰胆碱的含量增加；抑制腺苷酸环化酶的活性，腺苷酸环化酶催化 ATP 形成环磷酸腺苷（cAMP），后者可以调节某些神经传导；干扰与 ALA 有相似化学结构的神经介质 γ-氨基丁酸（GABA）的作用，影响神经传导。

铅对肾脏的毒性作用可分为急性期和慢性期两个阶段，严重影响了肾脏的排泄功能。在急性期，病变主要发生在近曲小管，其形态学特征包括细胞核内包涵体形成以及线粒体、溶酶体的肿胀变性。功能方面的表现为近曲小管对氨基酸、葡萄糖和磷酸盐的重吸收障碍，肾脏合成 1,25-羟维生素 D_3 的能力降低，同时抑制肾素-血管紧张素系统。这些功能上的改变在该阶段是可以逆转的。然而，当发展到慢性期后，肾小球间质纤维化，肾小管上皮变性、萎缩，肾小管上皮细胞出现核内包涵体，肾小球滤过率降低，出现氮质血症。

铅影响动物的免疫系统。铅中毒时动物对许多病原的抵抗力下降，易感性增高。主要是铅抑制机体的体液免疫、细胞免疫和吞噬细胞的功能。这种作用在尚未出现临床症状时已经存在。另外，骨骼是铅毒性的重要靶器官，铅可直接和间接改变骨细胞的功能，对骨骼产生毒害作用。铅还可通过胎盘和乳房屏障，影响胎儿和幼畜发育。

【临床症状】

犬、猫铅中毒主要表现为厌食、呕吐、腹痛、腹泻或便秘、咬肌麻痹。有些中毒犬、猫还会出现流涎、狂叫、癫痫样惊厥、共济失调等神经症状。

【诊断】

（1）病史调查　详细了解动物中毒发生的时间、地点及既往病史；了解动物日粮种类、加工情况，以及容器是否含有铅；某些传统药物也含有较高的铅，需了解动物是否曾服用过这些药物，并确认剂量和服药时长；调查附近是否存在工业废水排放以及动物是否曾进入被污染区域等。

（2）临床检查　观察中毒动物的临床症状，铅中毒的动物会出现眼球震颤、血压升高、心律不齐，以及消化道症状（如呕吐、腹泻、腹痛等）和神经系统症状（如运动失调、抽搐、昏迷和嗜睡等）。

（3）实验室检查　红细胞可能呈现嗜碱性点彩。血铅浓度超过 0.4mg/L 时，可在肾小管上皮细胞观察到含铅的包涵体。此外，还可能观察到脑皮质海绵样变性、血管增厚和神经元坏死等病理变化。

【治疗】

1. 治疗原则

治疗原则主要包括切断毒源、阻止或延缓机体对毒物的吸收、排出毒物、运用特效解毒药以及进行对症治疗。铅中毒后可以使用泻药以促进毒物排出，可选用硫酸钠或硫酸镁作为泻药，其中硫酸根离子能与铅形成不溶性的硫酸铅沉淀，从而减少消化道对铅的吸收。如果含有铅的物质无法通过泻药排出体外，则需考虑进行手术取出。

2. 药物治疗

铅中毒犬、猫还需要进行药物治疗。

（1）控制癫痫　地西泮 0.5mg/kg 静脉注射、苯巴比妥钠 10～20mg/kg 静脉注射；

（2）缓解脑水肿　15%～25%甘露醇，0.25～2g/kg 缓慢静脉滴注；

（3）螯合体内的铅　$CaNa_2EDTA$ 25mg/kg 每 6h 一次，治疗 2～5d。

【预防】

防止动物接触含铅的油漆、涂料。在工业环境铅污染区应改善设备，加大治理污染的力度，减少工业生产向环境中铅的排放是预防环境铅污染对动物危害的根本措施。严禁动物在铅污染的厂矿周围和公路附近活动。另外，在铅污染区动物补硒可明显减轻铅对动物组织器官功能和结构的损伤。

第四节　铜中毒
（copper poisoning）

铜（copper）是有色金属，呈棕红色，是动物维持生命活动和生长发育的必需微量元素，参与机体造血、防御等多种生理活动。

研究表明，机体摄入过量的铜时，易引起铜在体内特别是在肝脏内的大量蓄积，从而增加铜中毒的风险。动物铜中毒是指动物因摄入大剂量铜化合物或长期食入含过量铜的日粮或饮水而导致其出现腹泻、腹痛、肝功能异常、肾功能异常和溶血现象。各种动物铜中毒剂量均不相同，发生铜中毒时，不同器官受到的损害程度也不相同，铜中毒主要损害肝脏、肾脏等器官。铜中毒分为急性中毒和慢性中毒，铜中毒的死亡率与铜的摄入量呈正相关，摄入量越高，死亡率越高。

【病因】

犬、猫铜中毒的病因可归纳为如下几个方面：

（1）急性铜中毒

① 犬、猫误食含铜的异物（如遥控器中的电路板），临床上多见于犬。

② 犬、猫误食喷洒过含铜药物的植物。

③ 犬进行硫酸铜溶液催吐时易引发急性铜中毒。

（2）慢性铜中毒

① 日粮中含铜量过高引起动物慢性铜中毒。

② 日粮中添加的铜粒未充分碾细或拌匀。

③ 饮食中低水平的钼或硫酸盐会增加铜的吸收量并导致慢性铜中毒。

【发病机理】

急性铜中毒是由于动物在短时间内摄入大量的铜盐，对胃肠黏膜产生直接刺激和腐蚀，引起急性胃肠炎。

动物长期摄入过量铜，吸收后在肝脏大量储存而发生慢性铜中毒。肝脏储存铜的能力有限，进入肝细胞的铜可损伤细胞核、线粒体、内质网、高尔基体等亚细胞结构，导致细胞内乳酸脱氢酶（LDH）、天冬氨酸转氨酶（AST）、丙氨酸转氨酶（ALT）、精氨酸酶（ARG）等释放进入血液，引起肝脏功能障碍和血清中这些酶活性升高，胆红素含量增加。随后在某些因素的诱导下（如营养不良、长途运输、泌乳等应激），肝脏释放大量的铜进入血液，血浆铜水平大幅度升高，直接与红细胞表面的蛋白质作用，引起红细胞变性，并在红细胞中保持高浓度的铜，使红细胞内生成海因茨（Heinz）小体，最终造成红细胞破裂而发生溶血。在溶血危象发生前，红细胞中还原型谷胱甘肽的浓度突然降低，这可能是红细胞膜变得极为脆弱的原因。溶血后血细胞比容（HCT）和血红蛋白含量迅速下降，出现血红蛋白尿，由于血红蛋白充满肾小管以及铜对肾脏的毒性，引起肾小管和肾小球的变性、坏死，导致肾脏功能衰竭。

【临床症状】

急性铜中毒通常是由一次性大剂量摄入可溶性铜引起。例如，犬使用大量硫酸铜溶液进行催吐时易引发本病。急性铜中毒犬、猫可出现呕吐（呕吐物中含银色或蓝色黏液）、呼吸加快、脉搏加快、后期体温下降、虚脱、休克，严重者在数小时内死亡。慢性铜中毒主要是由日粮中铜含量过高所致。犬、猫慢性铜中毒表现为呼吸困难、昏睡、可视黏膜苍白或黄染、肝脏萎缩、体重下降、腹水增多。食物中铜浓度过高时，也能引起贫血，这是由于铜和铁在小肠吸收中竞争的结果。

【诊断】

急性铜中毒　可依据病史调查资料（摄入大量铜盐）和临床症状（突然发生剧烈胃肠炎）作出诊断。

慢性铜中毒　临床症状在溶血前期通常不明显，即使出现溶血危象，确诊也比较困难，应结合下述检验指标综合分析后再进行确诊。

（1）血清中指示肝损伤的酶活性升高。天冬氨酸转氨酶（AST）、山梨醇脱氢酶（SDH）等活性，在溶血危象发作前6周明显升高，尽管AST活性升高可以为慢性铜中毒的早期诊断提供重要依据，但其不稳定性会影响诊断的可靠性。

（2）应用DNA标记物C04107诊断犬铜中毒。美国科学家将微卫星DNA标记物C04107连接在伯林顿犬铜中毒基因位点上，用于检测该疾病的等位基因，这对于防治英国伯林顿犬铜中毒病具有重要意义。

诊断本病应注意与钩端螺旋体病、传染性血尿病、急性出血性败血症、边虫病、砷中毒、有机磷中毒、氰化物中毒、真菌毒素中毒及硝酸盐中毒、药源性肝中毒、钼缺乏症等疾病相鉴别，因这些疾病在临床上均能不同程度地呈现出与慢性铜中毒相似的症状。

【治疗】

治疗铜中毒的原则包括立即切断铜的来源、减少铜吸收、促进铜排泄。对急性中毒动物，可用1g/kg亚铁氰化钾（黄血盐）溶液洗胃。对溶血危象期的动物，可静脉注射三硫钼酸钠，剂量为0.5mg/kg，3h后根据病情可再注射一次。

对于亚临床中毒及用三硫钼酸钠抢救脱险的患病动物，可在日粮中补充100mg/kg钼酸铵，2g/kg硫黄粉，拌匀饲喂，连喂数周，直至粪便中铜含量接近正常水平后停止饲喂。

美国学者研究了醋酸锌对慢性铜中毒犬的治疗效果，结果表明醋酸锌是一种有效、无毒的治疗犬铜中毒的药物。此外，如果怀疑是铜中毒，则应避免使用硒和维生素C，因为注射硒会加剧铜中毒的病情，而维生素C也会促进铜的吸收，不但达不到治疗效果，还会加重病情。

【预防】

使用铜制剂时，必须注意浓度和用量，并根据具体情况灵活且准确地调整用量。由于不同国家、地区土壤中铜、锌含量不同，所以饲料添加剂中铜的加入量应因地制宜，绝对不能盲目推广添加剂配方。应谨慎使用螯合铜（有机铜），它比无机铜更容易吸收，会增加铜中毒的发生率。为减少宠物铜中毒，应避免长期喂食单一的口粮，可以与其他食物多样化搭配，以丰富营养。

第五节　硒中毒

（selenium poisoning）

硒（selenium）是一种固体非金属元素，是人和动物生长发育所必需的微量元素，硒的无机形式包括硒酸盐和亚硒酸盐，常被用作日粮添加剂。在动物组织中，硒最常以甲硒胺酸和硒半胱氨酸的形态存在。我国湖北省恩施土家族苗族自治州和陕西省紫阳县为高硒土壤地区，这些地区生长的植物和粮食硒含量较高，是我国硒中毒的主要发生地。

【病因】

硒通常以有机硒和无机硒两种形式被动物摄取。有机硒主要通过肉类和其他未经加工的食物（如动物内脏和鸡蛋中的硒蛋氨酸），被动物摄取。此外，无机硒如亚硒酸钠主要用于商业狗粮和猫粮中。在硒化合物中，亚硒酸盐具有较高毒性，而与之相近的是硒半胱氨酸，毒性相对较小是硒蛋氨酸。犬、猫硒中毒的病因可归纳为如下几个方面：

① 部分地区水源中硒含量过高，长期饮用可能会引起蓄积性硒中毒。

② 预防或治疗犬、猫硒缺乏症时，口服或注射过量的含硒化合物可能会引起急、慢性硒中毒。

③ 工业污染的废水、废弃物中含有硒。在发生工业污染的地区，硒容易挥发形成气溶胶，在空气中形成二甲基硒或二甲基二硒，动物长期吸入可能引起慢性硒中毒。

【发病机理】

关于硒的毒性作用机理目前仍不清楚。进入体内的可溶性硒和有机硒，经小肠吸收入血，主要与白蛋白结合，迅速遍布全身，部分在肝脏、肾脏和被毛中沉积，另一部分在红细胞和肝脏内经还原和甲基化，生成二甲基硒随呼吸排出体外，也可生成三甲基硒随尿液排出。体内过量的硒通过抑制细胞酶的氧化还原而发挥其毒性作用，特别是影响含硫氨基酸。硒对硫的作用改变了含硫氨基酸的代谢，影响细胞的分裂和生长，引起形成角蛋白（keratin）细胞（角化细胞）的退化和坏死。在动物蹄壁和被毛组成的角蛋白分子硒取代硫，使硒掺入部位的强度变弱，当遭受机械性的作用时导致破裂。另外，组织中抗坏血酸和谷胱甘肽含量减少与硒中毒有关，抗坏血酸减少可造成血管损伤。

也有研究显示，硒化合物毒性作用的可能机理之一是攻击特定的脱氢酶系统，尤其是与琥珀酸脱氢酶所依赖的巯基基团结合而抑制了该酶的活性。另外，通过测定光泽精（lucigenin）和米诺（luminol）的化学发光，在体外观察到亚硒酸盐与还原型谷胱甘肽反应而产生活性氧，若产生的活性氧超过机体抗氧化能力，则导致脂质过氧化引起的氧化损伤。因此，硒化合物的毒性可能与其形成活性氧的能力有关。

【临床症状】

根据硒的摄入量和在体内的持续时间不同，可将硒中毒分为急性、亚急性和慢性三种类型。目前，犬、猫自然发生硒中毒的案例尚未见报道，仅有人工诱导的病例。此外，不同的犬、猫对硒的敏感度也存在显著差异，幼龄动物比老龄动物更容易表现出临床症状。

研究指出，在皮下注射 2mg/kg 亚硒酸钠引起急性硒中毒时，约 85% 的动物会死亡；而当皮下注射 1.5mg/kg 亚硒酸钠时，则只有个别动物会死亡。

在急性硒中毒期间，动物常伴随以下临床症状和病理变化：急性硒中毒初期，动物表现为紧张、恐惧、食欲减退、胃肠道功能紊乱、消化不良、呼吸带有大蒜味等；小肠组织结构受损，同时伴有充血或出血性变化；随后，中毒动物会出现呕吐等症状，并伴有安静、嗜睡和呼吸困难；在呼吸困难症状出现之后，中毒动物会出现角弓反张、四肢肌肉的强直性痉挛和阵发性抽搐。

慢性硒中毒的临床症状和病理变化如下：厌食、明显消瘦、生长发育迟缓、毛发质粗糙稀少以及贫血；由于消瘦和贫血，动物内脏呈苍白色，仅有微量腹部脂肪；动物出现腹水，并可能伴有足部水肿，行走困难，神情痛苦，腹水的产生可能与血浆蛋白减少和腹部血管扩张相关；神经系统受损，动物对外界环境刺激反应迟钝，眼神黯淡无光，并出现视觉障碍，这种表现类似动物患上"碱毒病"（alkaline disease）时所展示的"蹒跚盲"的综合征；在大多数硒中毒案例中都可见到肝萎缩、肝细胞脂肪变性、坏死灶形成、结节性肝纤维化以及门静脉周围出血。

【诊断】

对于犬、猫硒中毒可根据如下几个方面进行综合诊断。

（1）病史调查　对动物发病的时间、地点进行调查，并详细了解毒物来源。同时，考察动物发病地区土壤和水源中硒含量是否超过动物中毒的阈值，以及动物是否有硒缺乏症的既往病史或口服注射过量的硒化合物情况。

（2）临床检查　对硒中毒的动物进行全面检查。急性硒中毒初期表现为呼吸带有大蒜味、血压逐渐下降、呕吐、嗜睡和呼吸困难等症状，后期可能出现神经系统问题。慢性硒中毒则会导致明显消瘦、贫血和毛发无光泽粗糙，晚期可能伴有腹水积聚。当神经系统受损时，还可出现"蹒跚盲"综合征。根据动物所展示出来的临床症状并结合其相关病史资料，可以大致推断出毒物类型。

（3）血常规和血生化检查　在发生硒中毒后，动物体内红细胞计数与血细胞比容明显升高；而无机磷、非蛋白氮（如尿素和肌酐）、抗坏血酸含量下降，这可能是由于体液流失所致；此外，硒中毒时，血浆内维生素 A、维生素 C 以及白蛋白等蛋白质含量也会减少；谷胱甘肽浓度下降，磷酸酶（phosphatase）、谷胱甘肽还原酶（GR）、葡萄糖-6-磷酸脱氢酶（G6PD）、天冬氨酸转氨酶（AST）、丙氨酸转氨酶（ALT）活性升高。

（4）硒含量测定　硒中毒动物的血液中硒含量明显升高，因此可以通过检测血液中的硒含量来辅助诊断。

（5）病理解剖检查　硒中毒的动物内脏苍白、仅有少许腹部脂肪，并可能存在腹水。此外，还可以观察到大脑充血、水肿和皮质神经细胞形态改变。

（6）治疗性诊断　通过详细调查动物的病史和临床表现，并结合治疗效果来验证诊断结果。如果治疗效果良好，则可以确诊为硒中毒。

【治疗】

动物硒中毒没有特效解毒药，急性和亚急性中毒可采取对症治疗和支持疗法。立即停止饲喂高硒食物，可用0.1%砷酸钠溶液皮下注射，或食物中添加氨基苯胂酸10mg/kg，均有一定效果。每天口服4~5g萘和对溴苯化合物，与硒结合形成硫醚氨酸可缓解牛和马的关节僵直，连用5d，间隔5d后再重复应用。动物慢性中毒，应供给高蛋白、高含硫氨基酸和富含铜的食物，可逐渐恢复。

【预防】

预防硒中毒的根本措施包括避免动物接触高硒土壤和水源地区，以避免长期过量摄入硒。当动物出现硒缺乏症时，应严格控制硒添加剂的用量，并确保其与食物充分混匀。对于通过口服或注射方式补充硒的情况，必须精确计算并控制剂量，避免不必要的人为过度补充。

第六节　汞中毒

（mercury poisoning）

汞是一种银白色的液态金属，在常温下易挥发。汞有金属汞、无机汞和有机汞（甲基汞）三种形式，这三种形式都能引起中毒反应，其中以甲基汞的神经毒性最强。生活中以慢性汞中毒最为常见，动物可能会因摄入含有汞或其化合物的食物或吸入汞蒸气而中毒。在我国，工业污染是导致动物接触、吸入或采食含汞物质的原因之一。汞中毒动物可表现出神经、免疫、遗传、发育、心血管以及肾脏功能障碍或代谢异常等问题。

【病因】

动物汞中毒的具体原因可归纳为：

① 汞存在不同形式，包括金属汞、无机汞和甲基汞。环境中不同形式的汞可以相互转化，无机汞在生物或非生物甲基化作用下

可转化为更具毒性且脂溶性较强的甲基汞。甲基汞可通过水生食物链吸收并传递，在生物体内逐级累积，并最终进入高营养级鱼类和哺乳动物体内。随着食物链向上延伸，甲基汞也可能进入犬、猫体内，引起汞中毒。

② 误食经有机汞农药处理过的种子或农药污染的饲料和饮水。有机汞农药包括有剧毒的西力生（氯化乙基汞）、赛力散（醋酸苯汞）和强毒的谷仁乐生（磷酸乙基汞）、富民隆（磺胺苯汞）等。这些农药残毒量大，残效期长，目前已禁用且不再生产。

③ 动物舔舐外用的氯化汞、磺化汞等含汞医疗油膏可能会引起中毒。

④ 人为投毒。

【发病机理】

汞化合物对接触的皮肤和黏膜具有强烈的刺激腐蚀作用。由于汞制剂具有同蛋白质结合和溶于类脂质中的性质，其所释放的汞离子对局部组织产生刺激、腐蚀作用，并且这种作用贯穿机体吸收和排泄的全过程。因此，汞经过呼吸道、消化道、皮肤进入机体时，可引起支气管炎、胃肠炎、皮肤和黏膜的腐蚀性病变；而汞离子从唾液腺排出时，可刺激发生颊部炎症和口黏膜溃疡；通过肾脏随尿排出时，由于肾能将汞浓缩，使肾小管上皮细胞变性，发生肾病。

吸收后的汞在体内解离出汞离子，可与多种含基的蛋白质和多肽结合，改变或破坏蛋白质的结构和功能。其中最主要是与酶蛋白的结合，特别是吡啶核苷酸酶、黄素酶、还原酶（细胞色素氧化酶、琥珀酸脱氢酶和乳酸脱氢酶）及呼吸酶，从而抑制这些酶的活性，阻碍机体正常代谢和细胞呼吸，影响生物大分子的合成，造成细胞代谢紊乱甚至死亡，这是汞产生毒害作用的主要机制。汞与细胞膜一些组成成分的巯基结合，使细胞膜的完整性受到损害，改变细胞膜的功能（如增强了 K^+ 的通透性和影响糖进入细胞等），从而使细胞功能失常。汞离子还与生物大分子的氨基、羧基、咪唑基、嘌呤基、磷酰基等重要基团结合，改变细胞的结构和功能，造

小动物中毒病学

成细胞的损伤。汞离子持续大量蓄积于神经组织内，可造成脑和末梢神经的变性，脑和脑膜发生不同程度的出血和水肿，引起先兴奋、后抑制的神经症状，同时伴有肢体麻木。甲基汞属脂溶性化合物，易通过血脑屏障和胎盘屏障，引起中枢神经系统症状和胎儿畸形。甲基汞诱导的神经毒性主要是线粒体电子传递链破坏所致的活性氧（ROS）增加，自由基增加必然消耗谷胱甘肽，损伤神经细胞；甲基汞还抑制 ATP 产生和线粒体 Ca^{2+} 释放，导致细胞内 Ca^{2+} 浓度升高，引起细胞自动去极化和释放乙酰胆碱；甲基汞降低神经末端胆碱的摄取，使乙酰胆碱合成减少。无机汞化合物属水溶性，不易透过血脑屏障，主要分布在肾脏并由尿排出体外。由此可见，汞对机体的损害几乎是遍及各组织器官功能紊乱的极其复杂的病理过程。

【临床症状】

汞中毒的临床症状受汞的存在形式和浓度的影响。在哺乳动物中，汞中毒最常见的临床症状包括厌食、神经功能障碍、肾功能不全、胃肠道损伤、严重时可导致休克甚至死亡。神经方面的临床症状包括共济失调、感觉丧失、失明、认知功能障碍、震颤。胃肠道方面的临床症状则包括呕吐、腹泻、腹痛以及唾液分泌增加等。

吸入汞蒸气可导致肺部直接损伤和肺炎。猫的慢性甲基汞中毒临床上常见的症状包括厌食、共济失调、意向性震颤、受损肢体反射和感觉丧失、失明以及垂直眼球震颤和强直性阵挛。犬急性汞中毒的临床表现包括间歇或持续性呕吐、腹泻、共济失调、步态异常、眼球震颤以及抑郁和癫痫。

【诊断】

（1）病史调查　详细了解动物中毒发生的时间、地点及既往病史，并调查动物是否有接触汞制剂的历史。

（2）临床检查　对中毒动物进行全面检查，同时结合临床症状和病理变化初步推断毒物种类并为临床急救提供依据。

（3）实验检查　测定日粮、饮水、胃肠内容物以及尿液样本中的汞含量。

【治疗】

立即停喂可疑饲料和饮水，同时禁喂食盐，因食盐可促进有机汞溶解，使其与蛋白质结合而增加毒性。经口服中毒者，病初可用活性炭混悬液或2％碳酸氢钠溶液洗胃。若摄入时间较长，因胃黏膜已受腐蚀，洗胃易发生胃破裂，应灌服浓茶、豆浆、牛乳等，使胃肠内的汞发生沉淀，或结合成不溶性化合物，并减少对黏膜的腐蚀作用。

主要采取驱汞疗法，选用以下竞争性制剂，使其与组织中的汞离子结合形成稳定的络合物，最终随尿液排出体外，以达到驱除汞的目的。

（1）二巯基丙磺酸钠 为5％水溶液制剂，以5～8mg/kg剂量皮下注射、肌内注射、静脉注射，第一天可每隔6～12h用药一次，次日起逐日延长用药间隔时间，7d为一疗程。

（2）二巯基丁二酸钠 为粉针剂，以20mg/kg剂量用生理盐水稀释后缓慢静脉注射，也可用5％葡萄糖溶液稀释后静注。急性中毒时，每天3～4次，连续3～5d为一疗程；慢性中毒时，每天1～2次，3d为一疗程，然后间歇4d。一般需坚持3～5个疗程。

另外，可选用维生素B、维生素C、细胞色素和辅酶A等药物，配合强心、镇静、补液等对症和辅助性治疗，可有助于提高疗效。

【预防】

严格控制工业生产过程中汞的挥发和排放，并严格治理工业"三废"对环境造成的污染。在使用医用汞制剂时，必须严格控制剂量并防止滥用，以避免动物过度接触而导致中毒。

第七节　砷中毒
（arsenic poisoning）

砷中毒是指有机砷和无机砷化合物进入机体后释放砷离子。然后，通过对局部组织的刺激，以及与多种酶蛋白的巯基结合使酶失去活性，抑制酶系统，影响细胞的氧化和呼吸及机体正常代谢，从而引起以消化功能紊乱及实质性脏器和神经系统损害为特征的中毒性疾病。

【病因】

小动物的砷中毒主要见于以下几种情况：

① 误食含砷农药处理过的种子或喷洒过含砷农药的农作物（如谷物、蔬菜、青草）。

② 饮用被砷化物污染的饮水，误食含砷的灭鼠毒饵。

③ 使用砷制剂进行药浴驱虫时，若药液浓度过高或浸泡时间过长，可能会导致动物中毒。

④ 内服或注射含砷药物时，若剂量过大或用法不当，可能会引起中毒。

⑤ 砷中毒的哺乳期动物可通过乳汁引起幼崽中毒。

⑥ 含砷农药、化学制剂、硫酸、氮肥，以及金属冶炼过程中排放的废气、烟尘、废水等可能污染农作物、牧草及水源，导致动物慢性砷中毒。

⑦ 日粮中添加的有机砷若用量过高或使用时间过久，也可能引起中毒。

【发病机理】

砷制剂通过消化道时对胃肠有直接的腐蚀作用，吸收后造成毛细血管通透性增加，血浆及血液外渗，使黏膜和肌层分离剥脱，胃肠壁出血、水肿和炎症。砷制剂接触皮肤后，高浓度仅会造成局部腐蚀性坏死，而低浓度则易被迅速吸收而引起全身中毒。吸收后的三价砷作用于组织细胞的酶系统，能与巯基酶或辅酶分子的巯基结合，特别是破坏线粒体中的氧化酶，阻碍细胞呼吸，引起代谢紊乱。线粒体呼吸过程受抑制，使细胞 ATP 生成减少，过氧化氢生成增加，引起氧化应激，产生活性氧，导致组织细胞变性甚至坏死，这种损伤可发生在所有组织，但以胃肠、肝、肾、脾、肺、皮肤等最为严重。砷与结构蛋白的基结合，引起细胞结构的改变，甚至破坏。砷具有毛细血管毒性，内脏毛细血管更敏感，损伤毛细血管的完整性，并使血管扩张，血浆进入肠黏膜和体腔，导致肠黏膜水肿、体腔积液、循环血容量减少、血压下降、休克和循环虚脱。五价砷还可引起氧化磷酸化解偶联，能在 DNA 合成过程中取代砷酸盐而渗入 DNA 结构中，生成不稳定的键，造成 DNA 复制和转录的错误。

【临床症状】

（1）急性砷中毒　动物急性中毒后主要表现剧烈的胃肠炎和腹膜炎症状。患病动物呻吟、流涎、呕吐、腹痛不安、胃肠膨胀、腹泻、粪便恶臭，口腔黏膜潮红、肿胀，齿龈呈黑褐色，并伴有蒜臭样砷化氢气味。患病动物兴奋不安、反应敏感，随后转为沉郁、衰弱乏力、肌肉震颤、共济失调、呼吸急促、脉搏细数、体温下降、瞳孔散大，经数小时乃至 1～2d，最终可能因呼吸或循环衰竭导致死亡。病程稍长的动物，巩膜重度黄染，外周循环衰竭，四肢末梢厥冷，有时排血尿或血红蛋白尿。

（2）慢性砷中毒　动物慢性砷中毒主要表现为消化功能紊乱和神经功能障碍等。患病动物消瘦，发育停滞，被毛粗乱逆立、容易脱落，黏膜和皮肤发炎，食欲减退或废绝，流涎，便秘与腹泻交替，粪便潜血阳性，四肢乏力，以致麻痹，皮肤感觉减退。

【诊断】

依据患病动物消化功能紊乱、胃肠炎症状、神经功能障碍，结合接触砷的病史，进行初步诊断。必要时可采集动物食用过的日粮、饮水，以及乳汁、尿液、被毛及肝脏、肾脏、胃肠道内容物进行砷含量分析。

通过化学分析方法测定组织（肝脏或肾脏）或胃内容物中的砷含量，有助于确诊砷中毒。正常动物的肝、肾组织中含砷量很少超过 0.1mg/kg（湿重）；组织中砷含量超过 3mg/kg 即可判定为砷中毒。在采食后的 24～48h 内，测定胃内容物中砷的含量很有诊断意义。在中毒后的几日内，尿液中砷含量较高。饮水中砷含量超过 0.25mg/kg，易引发中毒。

【治疗】

本病尚无特效疗法。早期通过洗胃和导胃，以排出毒物、减少吸收，然后内服解毒液，或其他吸附剂与收敛剂。内服解毒液组成为：A 液（硫酸亚铁 100g 加常水 250mL）和 B 液（氧化镁 15g 加常水 250mL），临用时混合振荡成粥状后口服。硫酸亚铁和氧化镁加水所生成的氢氧化铁能与胃肠道内的可溶性砷化物结合，最后生成不溶性亚砷酸铁沉淀并随粪便排出体外，而不被肠道吸收。其他吸附剂与收敛剂可选用活性炭、牛奶、鸡蛋清或豆浆。同时用硫酸镁、硫酸钠等盐类泻剂，以促进消化道毒物的排出，清理胃肠。

此外，用巯基络合剂（如二基丙醇、二基丁二酸钠、二基丙磺酸钠）和硫代硫酸钠进行特效解毒。肌内注射二基丙醇注射液，剂量为 3～5mL/kg，最初两天，每隔 4h 一次；第三天，每隔 6h 一次；然后 2 次/d，连用 7～14d。

对症治疗包括强心、补液、缓解呼吸困难、镇静、利尿、调整胃肠功能。可静脉注射生理盐水及 10%～25% 葡萄糖溶液，配合用维生素 C；禁止用含钾制剂，因其可形成亚砷酸钾而被迅速吸收后，反而加重病情。当病畜腹痛不安时，注射 30% 安乃近注射液或口服水合氨醛。对肌肉强直性痉挛、震颤的病畜可使用 10% 葡萄糖酸钙溶液静脉注射。出现麻痹时，注射 B 族维生素。

【预防】

① 严禁动物在喷洒过含砷农药的区域活动。

② 确保动物饮用水的清洁和日粮营养的均衡。

③ 遵循兽医的建议，尽量避免使用高浓度药液或长时间进行药浴。

④ 妥善存放并正确使用各类含砷药物，动物外用含砷药物时，佩戴伊丽莎白项圈，防止误食。

⑤ 若哺乳期动物确诊砷中毒，应将幼崽隔离并单独饲养，以防止砷通过乳汁传播。

1. 小动物发生锌中毒时如何治疗？
2. 铅中毒的发病机理是什么？该如何防治？
3. 犬、猫铁中毒后有哪些临床症状？
4. 简述硒中毒是什么原因引起的。

第十二章

工业毒物中毒

◎【本章导读】

　　工业毒物是指在工业生产过程中使用的具有毒性的化学物质，包括酒精、乙二醇、丙二醇、胶水及黏合剂、碳氢化合物、氢氟酸、酸和碱等。工业毒物可能引起小动物的急性中毒反应，如出现呼吸困难、恶心呕吐和昏迷等症状。某些工业毒物还可能造成皮肤刺激或损伤。不同种类的工业毒物可能引起特定类型的病理变化，如有机溶剂可导致肝脏损伤和肾脏功能异常；重金属则可能引起血液循环系统问题；有机溶剂可以损害神经系统，并导致记忆力减退和行为异常。总之，日常生活中的多种工业毒物都会给小动物健康带来巨大的威胁。因此，在处理工业化学品时，应采取适当措施以保护小动物的健康。

◎【学习目标】

　　1. 了解不同种类的工业毒物对小动物健康产生的影响。

　　2. 掌握不同种类的工业毒物中毒后的临床症状、诊断方法以及治疗措施，避免出现误诊情况，最大限度地确保动物健康。

●【本章概述】

犬、猫在日常生活中不可避免地会接触各种工业化学物质和材料，面临多种潜在危险。这些有害物质可通过呼吸道、皮肤或消化道进入血液循环系统，并对组织器官造成持续性损伤。此外，长期暴露在高浓度的有害气体或粉尘环境中，可能会诱发多种疾病。因此，本章主要探讨不同类型的工业毒物对动物健康的影响，并阐述如何鉴别和治疗动物工业毒物中毒问题。

第一节　酒精中毒
（alcoholism）

乙醇，通常称为酒精，是一种无色、芳香且易挥发的液体化合物，广泛应用于工业、医药、家用制剂以及酒类饮料等领域。急性酒精中毒通常是由过量饮酒导致。酒精中毒程度与摄入量、浓度、吸收速度以及是否空腹等因素相关，并受个体差异影响。在特定或意外情况下，宠物犬可能误食含高浓度乙醇的食物或液体，并因此出现如大小便失禁或昏厥等中毒症状。

【病因】

犬、猫可能通过以下途径发生酒精中毒：直接接触酒精饮料或洒落的含酒精药物；摄入发酵物质，如垃圾、面包、面团或烂苹果等。

【发病机理】

（1）中枢神经系统抑制作用　小剂量乙醇可能导致神经系统兴奋；中剂量可能导致共济失调；而大剂量可能导致呼吸和循环系统衰竭，甚至死亡。

（2）代谢性酸中毒　过高的乙醇浓度可能导致 NADH：NAD 比值上升，进而影响依赖 NAD 的代谢反应，如糖异生受阻导致严重低血糖，以及乳酸和酮体的蓄积，最终引起代谢性酸中毒。

（3）心脏作用　乙醇可导致心率加快、心排血量增加、收缩压升高、脉压加大、心肌耗氧量增加以及心肌损害和左心室收缩功能下降。

【临床症状】

（1）轻度酒精中毒　动物主要表现为神经系统兴奋，但不具备攻击性，能行走，但有轻度运动不协调，嗜睡但能被唤醒，神经反射正常存在。

（2）中度酒精中毒　处于昏睡或昏迷状态；具有躁狂或攻击行为；意识不清并伴有共济失调；出现幻觉或惊厥发作；在轻度中毒症状的基础上，可能出现脏器功能明显受损，如与酒精中毒有关的心律失常（频发早搏、心房纤颤或房扑等）、心肌损伤表现（ST-T异常、心肌酶超正常值2倍以上）或上消化道出血、胰腺炎等。

（3）重度酒精中毒　当患病动物处于昏迷状态时，可能会出现微循环灌注不足的症状，如皮肤黏膜苍白、皮肤湿冷、心率加快、脉搏细弱或无法触及，以及血压代偿性升高或下降。此外，重度酒精中毒动物还可能出现心脏、肝脏、肾脏和肺等重要脏器的急性功能障碍。

【诊断】

通过观察患病犬、猫的临床症状并结合血液中乙醇含量的检测结果即可确诊。

【治疗】

（1）急性期治疗

① 对于昏睡或昏迷的急性酒精中毒动物，应评估气道通气功能，并在必要时进行气管插管。

② 如患病动物意识不清、心脏骤停，应迅速开展心肺复苏。

③ 应维持患病动物的水盐电解质平衡和酸碱平衡，并纠正低血糖；对于脑水肿的动物，应给予脱水剂。

（2）一般治疗

① 酒精在胃肠道中易被吸收，若动物摄入酒精在15min内，

无症状表现且能够确保其呼吸道安全，可立即进行催吐。

② 酒精会导致中枢神经系统抑制，若对有神经症状的动物进行催吐，可能会导致呕吐物的吸入，因此禁止对有神经症状的动物催吐。如果有神经症状的患病动物存在大量胃内容物，可在镇静状态下进行洗胃，并进行充气气管插管防止呕吐物的误吸。

③ 活性炭已被证明对过量摄入酒精无效，不推荐使用。

④ 若皮肤接触到挥发性酒精，应立即用大量水冲洗。

⑤ 氯化钠＋甘露醇静脉输液，能够起到利尿和降低颅内压的作用。

⑥ 存在严重代谢性酸中毒时，可考虑使用碳酸氢钠。

⑦ 酒精中毒可致严重昏迷，所以有必要进行适当的护理。患病动物应安置在有床的笼子中，每 6h 翻身一次，以预防出现肺不张；并且可能需要每 6h 进行一次眼部润滑；保持患病动物清洁和干燥。

⑧ 定期监测体温、心率、呼吸频率、血压和血糖。

⑨ 由于共济失调和中枢神经系统抑制明显，患病动物应限制活动直至临床症状消失。

【预防】

① 妥善存放酒精，避免动物直接接触酒精饮料或洒落的药物。

② 禁止给犬、猫饲喂酒精饮品或食品。

③ 禁止直接对犬、猫喷酒精。

第二节　乙二醇中毒

（ethylene glycol poisoning）

乙二醇是一种无色、无臭的黏稠液体，具有甜味，在工业中，乙二醇被广泛用作溶剂、除锈剂和防冻剂的原料。乙二醇中毒是由于动物大量摄入乙二醇而引起的一种以中枢神经系统抑制、酸中毒和肾脏损伤为特征的中毒性疾病。

【病因】

乙二醇广泛用作工业溶剂、除锈剂及防冻剂。动物中毒主要与汽车、拖拉机使用的防冻剂有关。乙二醇对犬、猫的致死量分别为 $0.9 \sim 1.0 \mathrm{mL/kg}$ 和 $6.6 \mathrm{mL/kg}$。

【发病机理】

乙二醇可通过消化道、呼吸道或皮下注射迅速吸收，犬在接触后 $1 \sim 4h$ 达到血峰浓度，半衰期为 $2.5 \sim 3.5h$。吸收的乙二醇在醇脱氢酶的催化下转化为乙醇醛（glycolaldehyde），然后在醛脱氢酶的作用下生成羟乙酸，再转化为乙醛酸。乙醛酸可生成许多代谢物，其中毒性最大的是草酸，进一步生成草酸盐，其他代谢物包括甲酸、甘氨酸、α-羟基-β-酮己二酸。进入体内的大部分乙二醇及其代谢物在 $4h$ 内主要通过尿液排泄，甲酸生成二氧化碳从肺脏排出。乙二醇是小分子水溶性化合物，可增加血清重量克分子渗透压浓度，刺激饮欲，并具有利尿作用，引起动物烦渴和多尿。乙二醇进入消化道可刺激胃黏膜引起恶心，表现流涎和呕吐。吸收后的毒性作用表现 3 期：Ⅰ期表现中枢神经症状，主要由母体化合物（醇）和醛引起，然而高浓度的羟乙酸也对中枢神经系统产生作用；另外，脑水肿和草酸钙沉积在脑血管也导致神经功能紊乱。Ⅱ期是酸性代谢产物（特别是羟乙酸）引起的代谢性酸中毒；同时钙形成草酸盐晶体而出现低钙血症，从而影响心脏功能。Ⅲ期表现肾脏损伤，草酸钙晶体通过肾脏滤过进入肾小管，引起上皮细胞坏死；羟乙酸和乙醛酸可导致较高的阴离子间隙，并使通过细胞的血清重量克分子渗透压隙增加，引起肾脏水肿，影响肾内的血流量，加速肾衰竭发生，最终导致尿毒症。

【临床症状】

犬、猫的症状具有典型性。Ⅰ期症状通常在摄入乙二醇后 $30\mathrm{min} \sim 3h$ 出现，主要表现为中枢神经系统症状，与酒精中毒类似，包括焦躁不安、口渴多饮、尿量增加、恶心呕吐、脱水、协调能力失调、情绪低落、反射减弱，严重者可能出现昏迷和死亡。随后可能出现短暂的康复期，但 4～6h 后可能进入Ⅱ期，此时患病动物可能会出现呼吸急促、呕吐、体温过低、瞳孔收缩以及极度沉郁和昏迷等症状；部分患病动物可能出现心率过快或过缓。Ⅲ期症状通常在摄入乙二醇 12～72h 后出现，其特征包括昏睡、少尿、贫血、口腔溃疡和惊厥等。最终可能由于急性无尿性肾功能衰竭和酸中毒导致死亡。

【诊断】

根据接触乙二醇的病史，结合中枢神经系统抑制、酸中毒和肾脏损伤为特征的临床症状，即可初步诊断。超声波检查时，肾区出现弥漫性高回声区域。必要时测定血清及尿液中乙二醇含量，也可测定血清中羟乙酸含量。本病应与引起中枢神经系统抑制的其他疾病（如脑炎、脑震荡）和急性肾功能衰竭的其他疾病（如急性肾炎、尿毒症、钩端螺旋体病等）进行鉴别。

【治疗】

本病治疗的原则是早期采取阻止毒物吸收和特效解毒剂解毒措施。摄入乙二醇不超过 4h，可催吐、洗胃，并灌服活性炭。

特效解毒剂主要是抑制肝脏醇脱氢酶的活性，阻止乙二醇的代谢，使其以原型从肾脏排泄。静脉注射 20％乙醇溶液，犬 5.5mL/kg，间隔 4h 连续 5 次，然后间隔 6h 再用 4 次；猫 5mL/kg 体重，间隔 6h 连续 5 次，然后间隔 8h 再用 4 次。乙醇治疗的副作用主要是抑制中枢神经系统，特别是抑制呼吸中枢，加剧渗透性利尿作用和血浆高重量克分子渗透压浓度。而 5％的 4-甲基吡唑的副作用较小，但对猫无效；犬首次用量为 20mg/kg，静脉注射，之后按 15mg/kg 在 12h 和 24h 重复用药，36h 按 5mg/kg 再用一次。

辅助治疗包括补液、纠正代谢性酸中毒和电解质紊乱，维持正常的排尿量。可静脉注射 5％碳酸氢钠溶液，剂量根据血液碳酸氢盐水平计算，补充量＝0.5×体重(kg)×[24－血清碳酸氢盐含量(mEq/L)]［注：mEq/L＝(mmol/L)×原子价]；或按 6.2mEq/kg(10.4mL/kg)，4～6h 重复一次。未发生脱水的动物，可用速尿以维持排尿量。出现肾功能衰竭的病畜，有条件的应进行腹膜透析。

维生素 B_1、维生素 B_6 可促进乙二醇转化为无毒的代谢产物。

【预防】

乙二醇及其产品应妥善保管，避免动物接触；严禁将防冻液带回家中自行保存；冬季汽车、拖拉机使用防冻剂后排放的水严禁动物饮用。

第三节　丙二醇中毒

（propylene glycol poisoning）

丙二醇中毒是动物大量摄入丙二醇所引起的以中枢神经系统抑制为特征的中毒性疾病，常见于犬和猫。

【病因】

丙二醇中毒可通过口服、吸入或经皮肤吸收等途径发生。作为食品添加剂，丙二醇摄入后可能会在大脑中高浓度积聚，抑制中枢神经系统并产生麻醉效应，这与乙二醇的早期作用或乙醇的抑制作用相似。具体原因归纳为：

① 意外接触大剂量丙二醇，如作为溶剂或载体。

② 长期摄入超过 5% 的丙二醇，即使剂量较低也可以导致中毒。

③ 暴露于含丙二醇污染的商业产品或家庭护理产品环境中。

④ 糖尿病和甲状腺功能亢进等健康问题可能会增加动物对丙二醇的易感性，并加重中毒症状。

【发病机理】

丙二醇可通过消化道、呼吸和皮下注射迅速吸收，主要在肝脏和肾脏代谢，接触后 2～4h 即可检测到代谢物，大部分在 24～48h 被排泄。丙二醇进入体内后在醇脱氢酶的作用下代谢为乳醛（lactaldehyde），然后在醛脱氢酶的作用下直接转化为乳酸；或在醇脱氢酶的作用下转化为甲基乙二醛，再代谢为乳酸，最终转化为丙酮酸。丙二醇对大脑有直接抑制作用。乳酸和丙酮酸含量过高可导致代谢性酸中毒。大脑中过量的 D-乳酸可引起脑病。丙二醇可引起猫海因茨小体性贫血，但机理仍不清楚，可能与丙二醇或其代谢物的氧化性有关。

【临床症状】

最初表现为抑郁、虚弱和共济失调，随后可能进展为深度抑郁状态进而导致麻醉。此外，低血压和心血管衰竭也可能作为并发症出现。猫表现多尿、烦渴、精神沉郁、反应迟钝、共济失调。红细胞数减少，海因茨小体增多，网织红细胞数增加，红细胞存活时间减少。

【诊断】

根据接触丙二醇的病史，结合中枢神经系统抑制的临床症状，即可作出初步诊断。确诊必须测定血清、尿液及组织中丙二醇的含量。

【治疗】

本病尚无特效疗法，轻度中毒可自然恢复。猫发生的海因茨小体性贫血主要采取支持疗法，一般在 6～8 周康复。

【预防】

宠物食品中添加丙二醇应严格控制剂量。同时，妥善放置含有丙二醇的日用品，防止宠物接触。

第四节　碳氢化合物中毒
（hydrocarbons poisoning）

碳氢化合物中毒是指动物因过量摄入或吸入碳氢化合物所引起的以皮肤刺激或烧伤、呼吸道刺激或肺部感染、中枢神经系统抑制为主要特征的中毒性疾病。碳氢化合物是由碳原子和氢原子构成的有机化合物，包括液体燃料（如汽油和柴油）、家用产品（如油漆溶剂）、木材染色剂、木材剥离剂、松节油、煤油、焦油、沥青等。碳氢化合物中毒的严重程度与毒物的摄入量、接触途径和暴露时间的长短密切相关。

【病因】

（1）动物过量摄入碳氢化合物　动物在车库或地下室可能会饮用溢出的汽油或咀嚼瓶装机油。

（2）动物过量吸入碳氢化合物　动物滞留在充满挥发性碳氢化合物的空间中，吸入过量碳氢化合物。

（3）动物皮肤接触碳氢化合物　石油馏分常作为杀虫剂用于防治蜱虫和螨虫。少量涂抹于皮肤上几乎没有危害，但长期或大面积的皮肤接触会导致严重的皮肤反应。

【发病机理】

碳氢化合物的特点是黏度低和表面张力弱，这使得它们能够深入气道并广泛扩散，从而引起严重的坏死性肺炎。此外，它们还会损伤气管上皮、肺泡隔和肺毛细血管，并可能溶解肺泡的表面活性物质层，导致继发性肺不张、间质性肺炎和呼吸窘迫综合征。动物暴露于高挥发性碳氢化合物（如汽油或煤油）还可能导致心脏过敏和心律失常。

【临床症状】

（1）发热　中毒可能引起继发感染或免疫反应，从而导致发热。

（2）皮肤　刺痛、发红、干燥或开裂。接触热焦油可能造成皮肤热损伤，损伤最常导致发红、刺激或皮炎。

（3）眼睛　发红、组织水肿和视力障碍。

（4）肝胆　少量摄入碳氢化合物通常不会对终末器官造成损伤。卤代烃（四氯化碳等）中毒可致非特异性肝损伤。

（5）消化系统　可能出现口腔刺痛、流涎、恶心、呕吐，以及自限性胃肠炎，碳氢化合物对胃肠道的腐蚀性损伤非常罕见。呕吐会增加误吸碳氢化合物的风险。

（6）呼吸系统　吸入碳氢化合物的蒸气会刺激呼吸道，可能发生吸入性肺炎和低氧血症。

（7）中枢神经系统　吸入碳氢化合物可能引起中枢神经抑制，导致脑部肿胀和脑回变平，显微镜下可观察到脊髓、小脑和脑白质出现严重的弥漫性海绵变化以及白质区域星形胶质细胞的轻微肿胀。

【诊断】

根据病史和临床症状可作初步诊断，确诊需进一步结合实验室及影像学检查。

（1）病史调查　询问主人动物是否存在与汽油、柴油等碳氢化合物的接触史和发病史。

（2）临床检查　对中毒动物进行临床检查，观察动物口鼻、皮肤是否有碳氢化合物以及呼吸、皮毛、呕吐物、粪便中是否有强烈的碳氢化合物气味。

（3）实验室检验

① 血气分析：初次血气分析结果通常显示轻度呼吸性碱中毒伴低氧血症。如果未能纠正低氧血症，随后会发生代谢性酸中毒。

② 血常规：早期可发生与肺炎无关的白细胞增多，其持续时间可长达 1 周，少数发生溶血。

③ 血液生化：血尿素氮（BUN）、肌酐（Cr）、天冬氨酸转氨酶（AST）、丙氨酸转氨酶（ALT）升高（少量暴露时不会出现，大量暴露时才会出现）。

④ 尿液分析：可能有血红蛋白尿。

（4）X射线检查　可以观察到多个边缘模糊的小斑影，随着损伤的进展，这些病变区域增大并相互融合。

（5）尸检

① 尸检结果常以肺水肿为主。

② 偶见肾细胞变性、坏死或肝细胞脂肪变性。

【治疗】

治疗原则是以切断毒源和对症治疗为主，后期注重护理，检查动物环境避免再次中毒。

（1）一般急救措施　稳定呼吸、镇静、禁食禁水、维持静脉补液。

（2）眼的治疗　及时进行眼部冲洗。

（3）皮肤的治疗　剔除污染被毛，使用脱脂香波或温和的洗涤剂多次清洗皮肤（避免刷洗或摩擦）；若出现刺痛或发红可使用局部抗生素、维生素 E 或类似的皮肤保护剂；必要时可以使用类固醇药物治疗局部性皮炎型损伤；烧伤、起泡或更严重的皮肤症状可根据症状的严重程度，口服或静脉注射抗生素。

（4）摄食性中毒的治疗　仔细检查并冲洗口腔；静脉输液以纠正脱水和电解质失衡，并保持组织灌注；不宜催吐或洗胃，会增加吸入性肺炎的风险，也不推荐使用活性炭吸附，因为其不与碳氢化合物结合；如果动物存在胃肠臌气，需要通过放气减轻动物压力，但最好不要使用胃管，因为会增加动物吸入性肺炎的风险；使用胃肠道保护剂，如硫糖铝，或 H 受体阻断药。

（5）吸入性中毒的治疗　供氧，或给予 β_2 受体激动剂（如沙丁胺醇）扩张支气管；根据血气分析的结果调节酸碱平衡；若出现吸入性肺炎可使用广谱抗生素（如氨苄西林、恩诺沙星）。碳氢化合物吸入性肺炎症状的出现通常较为缓慢，容易错过最初的治疗，故治疗效果较差，预后须谨慎。

【预防】

① 做好环境管理，避免动物误食、误吸、皮肤接触碳氢化合物。

② 保持室内通风，一旦有碳氢化合物气体泄漏，尽快撤离，并将动物送至医院检查。

③ 严格遵照说明书使用驱虫药，不宜过量，也不宜长时间使用同一种驱虫药。

第五节　酸中毒

（acidosis）

酸中毒是指体内血液和组织中酸性物质的过度积累，其本质为血液中氢离子浓度升高、pH 值降低。在正常生理情况下，机体 pH 值应保持在 $7.35 \sim 7.45$ 之间。机体 pH 值与 HCO_3^-/H_2CO_3 比例相关，其中 HCO_3^- 与代谢有关，而 H_2CO_3 则与呼吸有关。由于二者处于动态平衡状态且相互影响，因此当体内 HCO_3^- 减少或 H_2CO_3 增多时，均可使 HCO_3^-/H_2CO_3 比例降低并引起血液的 pH 值下降，从而出现酸中毒症状。

【病因】

酸中毒可分为呼吸性酸中毒和代谢性酸中毒。病因主要可分为：

（1）消化道直接丢失 HCO_3^-：任何原因的肠液丢失均可引起 HCO_3^- 丢失，进而导致血浆 HCO_3^- 浓度降低。

（2）轻度或者中度肾功能衰竭：肾小管上皮细胞分泌 H^+ 及重吸收 HCO_3^- 减少。

（3）肾小管性酸中毒：由于肾小管上皮细胞的病变，导致近曲小管上皮细胞重吸收 HCO_3^- 减少或集合管泌 H^+ 功能降低，引起血浆 HCO_3^- 浓度降低。

（4）使用碳酸酐酶抑制剂：碳酸酐酶抑制剂能抑制肾小管上皮细胞内碳酸酐酶的活性，使细胞内 H_2CO_3 生成减少，进而导致肾小管上皮细胞泌 H^+ 和重吸收 HCO_3^- 减少。

（5）含氯的酸性药物摄入过多：使用过多的含氯盐类药物，如氯化铵、盐酸精氨酸等，在体内易分解出 HCl，HCl 能够消耗血浆中 HCO_3^- 而导致代谢性酸中毒。

【发病机理】

呼吸性酸中毒（respiratory acidosis）的特征是原发性 CO_2 潴留，导致动脉血 $PaCO_2$ 升高；代谢性酸中毒（metabolic acidosis）的特征是血浆 HCO_3^- 原发性减少（$<22mmol/L$）、动脉血浆 H^+ 浓度增高，$PaCO_2$ 代偿性下降，pH 值呈降低趋势。血液中的 H^+ 浓度上升后，脑脊液中的 H^+ 浓度也会随之升高，通过刺激外周化

学感受器（颈动脉体和主动脉体），经窦神经和迷走神经传入延髓呼吸神经元，使其兴奋，导致呼吸加深加快。轻度的酸中毒会有恶心、头晕、头昏、嗜睡、食欲减退、不思进食、呼吸深快的临床症状；严重的酸中毒会出现口唇发干、呼吸声大、呼吸道中有烂苹果味、血压下降、脉搏减弱、心率加快。有的犬、猫还会有意识障碍、四肢腱反射减弱、肌力和肌张力下降、瞳孔散大，严重的酸中毒会出现昏迷、休克乃至死亡等不良后果。

【临床症状】

① 口腔的腐蚀性病变通常从白色或灰色逐渐发展为黑色，并呈现出皱纹状（形成焦痂）。

② 上消化道溃疡、吞咽困难、呕吐、反流、吐血、腹痛。

③ 皮肤充血、皮肤刺激或擦伤、头发受损。

④ 眼结膜炎，眼睑痉挛，肉眼可见的角膜损伤。

⑤ 呼吸鸣喘（喉或会厌水肿）、呼吸急促（疼痛）、咳嗽、深大呼吸、呼吸频率或快或慢、肺部听诊可闻及哮鸣音（有时可为寂静胸）。

⑥ 可能出现神经症状，犬、猫走路摇晃、意识模糊等。

【诊断】

（1）血气分析检查　根据血气分析的结果，判断是否存在酸中毒以及酸中毒的严重程度。通常 pH 值＜7.4 可考虑存在酸中毒，pH 值在 7.35～7.4 之间为代偿性酸中毒，若 pH 值＜7.35 应考虑失代偿性酸中毒。pH 值＜7.2 应做紧急处理。

（2）可疑饲料的毒物检测　采集中毒动物的呕吐物、胃洗出物、食物、血液、尿液等进行化验，死亡动物可采集肝、肾等实质器官进行检查。

（3）临床检查　因酸中毒病因众多，临床症状及体征复杂多样，需结合临床症状和病史作出诊断。

（4）治疗性诊断　结合临床症状和治疗进行诊断，如治疗效果良好，可据此作出诊断。

【治疗】

治疗原则以切断毒源、阻止和延缓机体对毒物的吸收、排出毒物、使用特效解毒药和对症治疗为主。

首先应该切断毒源，停止毒物的继续摄入或接触。产生酸中毒的原因，主要分为呼吸性因素和代谢性因素两种。

针对呼吸性因素所导致的酸中毒，其治疗的主要目的在于改善犬、猫的肺泡通气功能。针对原发性疾病以及相关诱因的治疗是重点，比如给予吸痰处置，以解除呼吸道痰堵；进行积极的抗感染治疗，以控制肺部感染；给予气道扩张药物改善气道通气；给予呼吸中枢兴奋药物，提升呼吸功能，加速二氧化碳的排出；对胸部创伤动物进行手术固定，以及呼吸机辅助通气治疗等。

对于代谢性因素所导致的酸中毒，其治疗的要点在于恢复有效循环血容量，改善组织血流灌注以及改善肾功能，纠正水电解质紊乱，必要的情况下可以给予碳酸氢钠，以达到纠正酸碱失衡等治疗目的。

【预防】

小动物酸中毒是一种常见的健康问题，为了预防这种情况发生，我们可以采取以下措施：

（1）提供清洁的饮水　确保小动物喝到干净、无污染的水源。定期更换水盆或喂食器，保持其清洁卫生。

（2）合理安排饮食　给予小动物适量且营养均衡的食物，避免过度摄入含有高浓度酸性成分的食品。同时，注意观察宠物是否对某些特定食材过敏或不耐受。

（3）避免接触有害化学品　将家中可能存在的有害化学品（如清洁剂、农药等）放置在小动物无法触及到的地方，并妥善密封存放。如果需要使用这些化学品，请确保在没有小动物活动的区域进行操作，并彻底清洗工具。

（4）提供良好通风环境　确保小动物居住环境通风良好，避免空气中积聚过多二氧化碳和其他有害气体。

（5）定期检查身体状况　经常检查小动物身体是否出现异常症状，如呼吸困难、消化问题等。若发现异常情况，请及时就医并按医生建议进行治疗。

（6）正确使用药品和营养补充剂　如果需要给小动物服用药品或添加营养补充剂，请按照说明书上的指导进行正确使用，并注意保存方式与有效期限。

第六节　甲醛中毒
（formaldehyde poisoning）

甲醛，又称为蚁醛，是一种由氢原子、碳原子和氧原子构成的有机化合物，无色，具有刺激性气味，低浓度时不易察觉。甲醛是一种对机体健康有害的物质，长期接触低剂量的甲醛可以引起鼻咽癌、结肠癌、脑瘤、慢性呼吸道疾病等。此外，甲醛还对黏膜有强烈的刺激性，能使蛋白质凝固，触及皮肤易使皮肤发硬甚至局部组织坏死。

【病因】

犬、猫与主人一起居住在新房子中，可能会吸入大量甲醛引发中毒。甲醛可与酚、脲等形成聚合物如酚-甲醛聚合泡沫剂和脲-甲醛聚合泡沫剂，它们可用作家用消毒剂，且具有较强的刺激性和毒性，犬、猫接触这些消毒剂也会引发中毒。

【发病机理】

（1）氧化应激反应　甲醛在甲醛脱氢酶和其他酶的作用下能够利用辅酶Ⅰ（NAD）和还原型谷胱甘肽，形成中间产物 S-甲酰谷胱甘肽。这个过程会释放谷胱甘肽形成甲酸，甲酸以甲酸盐的形式排出体外，或通过氧化反应生成 H_2O_2 和 CO_2。当甲醛代谢生成的 H_2O_2 超过组织细胞的清除能力时，会导致组织因细胞发生脂质过氧化反应而出现损伤。此外，甲醛还可以通过诱导活性氧产生而损伤线粒体膜，使细胞的抗氧化应激能力下降。

（2）DNA-DNA 交联　甲醛可以导致 DNA-DNA 交联，这种交联会对 DNA 的构象和功能（如复制与转录）产生严重的影响，并在其复制过程中造成某种重要基因的丧失，从而对生物体造成严重的危害。

（3）甲醛在体内可以与多种生物大分子结合　甲醛对组织的刺激性可能与其作用于蛋白质和氨基酸有关，例如与甘氨酸作用形成三羧酸甲基亚丙基三胺，导致蛋白质的结构改变。甲醛作为半抗原可与表皮中的蛋白质结合并激活 T 淋巴细胞，当再次接触甲醛时可引起 Ⅳ 型超敏反应。

【临床症状】

犬、猫甲醛中毒的症状可能包括：

（1）眼睛不适　发红、疼痛等。

（2）呼吸道不适　甲醛可能会导致呼吸道黏膜受到损伤，出现鼻腔疼痛、鼻腔出血等症状，甚至伴有咳嗽、咳痰等现象。

（3）皮肤不适　皮肤发红、皮肤瘙痒，甚至伴有皮疹。

（4）消化道不适　甲醛能够刺激胃肠道，出现恶心、呕吐、腹痛、腹泻等不适症状。

（5）行为异常　当宠物甲醛中毒较严重时，还可能出现精神沉郁、不愿移动、发出难受的叫声、脾气异常烦躁不安、上蹿下跳、不愿进食等症状。

【诊断】

甲醛中毒的诊断主要依据患病犬、猫的临床症状、吸入病史以及相关辅助检查。常见的辅助检查包括胸部 X 射线检查，可以发现双肺纹理变多、模糊，存在散在点状或小斑片状阴影，或者有肺水肿表现。此外，血常规、尿常规、血气分析、血清电解质测定、肝肾功能检查等也有助于检测甲醛中毒。

【治疗】

甲醛中毒无特效解毒剂，主要为对症和支持治疗。

① 使犬、猫迅速脱离含有甲醛的环境，防止继续吸入甲醛，

加重中毒症状。如果出现呼吸道不适，应及时清理呼吸道分泌物，保持呼吸道通畅。

② 对于眼部和皮肤受到刺激的犬、猫，可用生理盐水或温开水冲洗，并涂抹抗生素眼膏或药膏，以防止感染。

③ 急性甲醛中毒可口服 0.2% 氨水、醋酸铵溶液、蛋清、活性炭、水、牛奶。其中 0.2% 氨水和醋酸铵因可将甲醛转化为乌洛托品而有较明显的解毒效果。

④ 对症治疗：给予抗黏膜刺激的食品或药物，如牛奶、鸡蛋、氢氧化铝凝胶等；给予镇痛药，如吗啡等；抗酸中毒，静脉注射碳酸氢钠或乳酸钠注射液；若有感染可对症选用青霉素等抗菌药物。对于中毒较严重的犬、猫可进行液体疗法，以纠正水电解质紊乱和酸碱平衡失调。

【预防】

预防甲醛中毒的措施主要包括以下几个方面：

（1）改善室内通风　保持室内空气流通是预防甲醛中毒的关键。可以经常开窗通风，确保室内空气新鲜。

（2）减少甲醛释放源　选择低甲醛的装修材料和家具，如使用环保漆、无醛板材等。尽量避免使用含有甲醛的胶水、黏合剂等化学品。

（3）使用甲醛清除剂　可以使用活性炭、空气净化器等甲醛清除剂，减少室内甲醛浓度。

（4）避免长时间暴露　尽量避免长时间暴露在含有甲醛的环境中，特别是新装修的房屋或新购置的家具。

（5）定期检测和治理　定期对室内环境进行甲醛检测，如果发现甲醛超标，应及时采取治理措施。

【复习思考题】

1. 酒精中毒的临床症状是什么？

2. 甲醛中毒的发病原因有哪些？
3. 碳氢化合物中毒后如何治疗？
4. 酸中毒的类型以及对机体的影响？

第十三章

其他中毒

● 【本章导读】

　　除了常见的食源性中毒、药物中毒、动物/植物毒物中毒、矿物类中毒、工业毒物中毒外，其他物质如天然气、水和一氧化碳等也能够导致小动物中毒。本章将一一介绍这些物质对小动物健康影响。

● 【学习目标】

　　1. 了解本章中提到的有毒物质对小动物健康的负面影响，并熟练掌握这些知识内容。
　　2. 掌握中毒后的解毒方法及应对方法。

● 【本章概述】

　　水、一氧化碳、天然气等是生活中普遍存在的物质，但过量摄入或吸入会导致小动物中毒。因此，有必要了解不同种类物质造成中毒的生理现象以及解决方法。同时，对小动物中毒症状进行鉴别诊断和治疗。

第一节　水中毒

（water intoxication）

水中毒，又称稀释性低钠血症或高容量性低钠血症，是指当机体摄入水总量大大超过了排出水量，以致水分在体内潴留，引起血浆渗透压下降和循环血量增多的一种疾病，其特点是细胞外液增多，血钠浓度降低，细胞外液呈低渗状态。此病临床上较少发生，其症状取决于水分摄入的速度和程度，可分为急性水中毒和慢性水中毒两类。程度较轻者，停止水分摄入，排除体内多余水分后，即可恢复正常；严重者可能会导致神经系统永久性损伤或死亡。

【病因】

水中毒的原因主要有：

（1）过量饮水　因炎热环境或剧烈运动使动物体内水和盐大量丧失，在长时间得不到饮水的情况下，突然暴饮而发病。此外，幼龄动物对水、电解质调节能力差，更易发生水中毒。

（2）抗利尿激素分泌过多　失血、休克、创伤、大手术、急性感染、受到惊吓、大量使用止痛剂或肾上腺皮质功能不全等可能会引起抗利尿激素大量分泌，进而导致水分在体内潴留，引发水中毒。

（3）水钠代谢发生紊乱　低渗性脱水或患有低钠血症的动物，细胞外液处于低渗状态，身体会通过代偿作用增加肾小管对水钠的回收。在这种情况下，如果大量摄入水分，可能会导致水中毒。

（4）水分排出减少　急性肾功能衰竭或抗利尿激素分泌过多导致排尿减少，也可能导致水中毒。

（5）肾上腺皮质功能减退　糖皮质激素对下丘脑分泌抗利尿激素有抑制作用，缺乏糖皮质激素可导致抗利尿激素分泌增加，如饮水或输液过量容易发生水中毒。

【发病机理】

动物在炎热夏季或剧烈运动，由于水分的蒸发，使血浆在一定程度上变得黏稠，部分 Na^+ 随着汗液流失，在突然吸收不含盐的大量水后，血容量急剧上升，稀释了血浆中原有 Na^+ 的浓度，使血浆渗透压急剧降低。血浆中 Na^+ 的缺乏，不能与红细胞内的 K^+ 维持平衡，红细胞内渗透压升高，水迅速由血浆渗入红细胞内，使红细胞逐渐水肿、体积增大，最终崩解破裂造成溶血。大量的血红蛋白由破裂的红细胞中逸出，不能及时被体内网状内皮系统分解破坏，随血液循环由肾脏排出而出现血红蛋白尿。水中毒主要危害脑组织，因血脑屏障的关系，细胞外液的 Na^+、Cl^- 不能迅速弥散到脑组织内，脑细胞肿胀和脑组织水肿使颅内压急剧增高，临床上可出现一系列的神经系统症状。

【临床症状】

水中毒的症状可能因中毒的严重程度和个体差异而有所不同。一般来说，水中毒的症状可以分为急性水中毒和慢性水中毒两种。

急性水中毒发病急，症状较为严重。由于颅腔和椎管无弹性，细胞外液量增多，脑细胞水肿造成颅内压增高，可能会出现头痛、失语、精神错乱、定向障碍、嗜睡、躁动、谵妄，甚至昏迷等症状。进一步发展，有发生脑疝的可能，以及呼吸、心脏骤停。严重的情况下，患病动物可能会出现充血性心力衰竭、呼吸急促（发生肺水肿时）、胸腔积液、充血性肝肿大、颈静脉怒张、肺动脉压和中心静脉压增高、骶部或四肢末端水肿等症状。

慢性水中毒的症状一般不明显，如果病情较轻，可能只出现体重增加。但随着病情的加重，患病动物会出现疲倦、恶心、表情淡漠、皮下组织肿胀等表现。此外，患病动物也可能会出现头痛、嗜睡、抽搐或昏迷等症状。需要注意的是，水中毒的症状往往被原发性疾病的症状所掩盖。对于健康动物来说，适量饮水不会导致水中毒，但在高温环境、剧烈运动或身体状况不佳时，需要注意补充足够的水分和钠盐，避免发生水中毒。

【诊断】

（1）病史调查　询问患病动物的饮水情况，包括饮水量、饮水时间以及饮水种类等，以了解患病动物是否存在摄入过多水分的情况。同时，还需了解患病动物是否存在可能导致水分排出减少的疾病或药物使用情况，如肾脏疾病、抗利尿激素分泌过多等。

（2）临床检查　水中毒动物可能出现一系列神经症状，如头痛、嗜睡、躁动、精神错乱、定向障碍等，以及颅内压增高。此外，患病动物还可能出现体重增加、软弱无力、呕吐等症状。需要注意的是，慢性水中毒的症状往往被原发性疾病的症状所掩盖，因此需要进行详细的检查和诊断。

（3）实验室检查　通过检查患病动物的血液指标来判断是否为水中毒。当患病动物出现血液稀薄，血浆钠浓度明显降低，血浆蛋白、血红蛋白、血细胞比容均减少的情况，可考虑水中毒。

【治疗】

水中毒的治疗原则主要是迅速给予护理和支持治疗，排水补钠，恢复机体水盐平衡。具体治疗措施包括以下几个方面：

对于轻症者，限制水分摄入是首要的治疗措施，一般只要停止给水便可恢复。同时，应避免使用含电解质的饮水，以免加重水中毒症状。

对于重症者，除严格控制饮水外，可口服或静脉注射高渗盐水（3%～5%NaCl溶液），以纠正脑细胞水肿，并应用渗透性利尿剂如甘露醇促进水分排出。

【预防】

犬、猫水中毒的预防关键在于控制它们的饮水量，避免它们一次性摄入过多的水，特别在高温天气或运动后，犬、猫可能会感到口渴并需要更多的水。在这种情况下，可以适当增加它们的饮水量，但要避免一次性过量饮水。此外，还需要定期带宠物去医院检查是否存在可能导致水中毒的潜在疾病。

第二节　一氧化碳中毒
（carbon monoxide poisoning）

一氧化碳（CO）是一种无色无味无刺激性的气体，通常产生于碳化合物的不完全燃烧。当空气中的CO浓度达到0.1%～0.2%时，动物吸入即可引起中毒。一氧化碳中毒是由于动物吸入大量的CO气体，在体内与血红蛋白（Hb）发生特异性结合，形成碳氧血红蛋白（COHb），引起机体发生全身性组织缺氧的一种急性中毒性疾病，各种动物都可发生，主要见于幼龄动物。

【病因】

犬、猫主要经呼吸道吸入CO引起中毒，其具体原因可见于：

① 家养犬、猫因煤气泄漏而导致中毒；

② 室内取暖，燃烧煤炭、秸秆等燃料，但门窗紧闭、通风差、排烟不良，室内CO急剧增加，导致宠物吸入中毒；

③ 在住宅火灾中吸入过多CO引起中毒；

④ 工作犬在烟尘弥漫的特殊事故现场执行任务时，吸入大量CO而致急性中毒；

⑤ 化工厂饲养犬长期吸入生产中产生排放的CO导致慢性中毒。

【发病机理】

CO经过呼吸道吸入肺泡后，通过气体交换进入血液，85%CO与红细胞内的血红蛋白（Hb）结合，形成稳定的COHb。Hb与CO结合的数量，与它所结合氧的数量相同，结合部位也相同。由于CO与Hb的亲和力比O_2与Hb的亲和力大210～240倍，即使吸入较低浓度的CO亦能形成大量的COHb。COHb没有携带O_2的能力，且不易解离，是氧合血红蛋白解离速度的1/3600。在肺脏不损伤的情况下，CO在体内的半衰期约4h。COHb的存在还使血红蛋白氧解离曲线左移，血液氧不易释放给组织而造成缺氧。

高浓度的 CO 还可与含二价铁的肌球蛋白结合，影响氧从毛细血管弥散到细胞内的线粒体，损害线粒体功能。同时，CO 与还原型细胞色素氧化酶的二价铁结合，抑制细胞色素氧化酶的活性，影响细胞呼吸和氧化过程，阻碍对氧的利用。但氧与细胞色素氧化酶的亲和力大于 CO。组织缺氧程度与血液中 COHb 占 Hb 的比例呈正相关。COHb 含量低于 10%，无明显的临床症状；10%～20% COHb，适度运动可引起呼吸急促，轻度呼吸困难；30%COHb，可增加动物的应激性运动失调，恶心，呕吐；超过 40%COHb，可引起意识障碍，虚脱，可能昏迷；50%～60%COHb 出现呼吸衰竭甚至死亡，濒死期可出现惊厥。

CO 中毒时，体内血管吻合支少且代谢旺盛的器官如大脑和心脏最易遭受损害，脑内小血管迅速麻痹、扩张。脑内 ATP 在无氧情况下迅速耗尽，钠泵障碍，钠离子蓄积于细胞内而诱发脑细胞水肿。缺氧使血管内皮细胞发生肿胀而造成脑部循环障碍。缺氧时，脑内酸性产物蓄积，使血管通透性增加而使脑细胞间质水肿。临床上发生一系列神经功能障碍的症状。

由于机体缺氧，体内无氧酵解加强，产生大量酸性代谢产物，致使机体发生酸中毒。COHb 呈鲜红色，因而 CO 中毒动物的血液、可视黏膜和各内脏器官均呈樱桃红色。此外，CO 也可经胎盘进入胎儿体内，胎儿 COHb 与母体 COHb 的比率一般为 1.6～2.2，胎儿的 COHb 半衰期较母体的长，在血液中达到平衡时的 CO 浓度比母体的高。

【临床症状】

中毒严重程度与血液中 COHb 浓度有关。

（1）轻度中毒　血液中 COHb 浓度在 20% 以下，临床症状表现为恶心、呕吐、头晕、心动过速、呼吸急促、四肢无力、共济失调、感觉迟钝。一般在这种情况下将中毒动物尽快转移到通风处，可明显缓解中毒症状。

（2）重度中毒　血液中 COHb 浓度在 50% 以上，此时中毒动物的可视黏膜发绀或呈樱桃红色，临床症状表现为感觉障碍、反射消失、晕厥、抽搐、步态不稳、后躯麻痹、低血压、昏迷、四肢厥冷、全身出汗、瘫痪、粪尿失禁，最终因严重缺氧而死。

【诊断】

根据动物与 CO 的接触病史，结合突然昏迷、可视黏膜（眼结膜、口黏膜等）呈樱桃红色等症状，可作出初步诊断。必要时测定空气中 CO 浓度和血液 COHb 含量。本病应与脑炎、脑膜脑炎和尿毒症等相鉴别。血液样品冷冻保存时，COHb 含量在几天内比较稳定。常用的血液 COHb 的测定方法有 CO-血氧分析仪、气相色谱法、分光光度法等，也可用以下定性法：

(1) 鞣酸法　取试管 1 支，在试管内加入蒸馏水 0.8mL；然后在该试管中加入被检血 0.2mL，再加入 1％鞣酸溶液 3.0mL；摇振试管，使其充分混合。结果判断：CO 中毒者呈红色；正常者于数小时后变为灰色，24h 后尤为显著。

(2) 氢氧化钠法　取试管 2 支，各加蒸馏水 4mL；测定管加被检血（不加抗凝剂的血液）0.2mL（或一滴血）混合，呈淡粉红色；同时，用另一试管加正常血 0.2mL 作对照；在两支试管（测定管与对照管）中各加入 2 滴 10％氧化钠溶液，用拇指按住管口，迅速混合，立即记下时间。结果判断：正常血液，立即由淡粉红色变为草黄色，而含 10％以上 COHb 的血样，须经 15s 后才能变成草黄色。因此根据由淡粉红色变为草黄色所需时间的长短可以大致判定被检血液中含 COHb 的浓度，即 15s、30s、50s、80s 后才变成草黄色的这种时间变化相当于血液中含有 10％、25％、50％、75％COHb。

【治疗】

动物 CO 中毒时，应立即将病畜转移到空气新鲜处进行救治。在转移动物过程中，要特别注意人的安全，首先应打开室内门窗，更换空气，排除蓄积的 CO，查明 CO 的发生源，并迅速排除，以免继续产毒。轻度中毒者，转移至空气新鲜处后，能很快恢复健康。重度中毒者可采用下列方法治疗：

（1）补氧　有条件时，可立即对中毒动物进行输氧，输氧量以 5～7L/min 为宜。对中毒小动物可施行人工呼吸。有条件的可以进行输血疗法。

（2）防治脑水肿　用 20％甘露醇、25％山梨醇、高渗葡萄糖溶液，交替静脉注射。同时应用利尿剂和地塞米松。在脑水肿得到控制并稳定后，选用促进细胞功能恢复的药物，如细胞色素 C、辅酶 A、三磷酸腺苷及大剂量的维生素 C。也可选用血管扩张药，改善脑循环，如低分子或中分子右旋糖酐等。

（3）对症治疗及防治并发症　对于心律失常、呼吸麻痹、休克和电解质失调的病畜应及时纠正，并可选择保护心脏的药物。选用广谱抗生素，预防和控制肺部感染。

【预防】

CO 中毒重在预防，要注意供暖设施的完好，多进行通风换气，防止 CO 泄漏，如有泄漏要及时处理。

第三节　异物中毒
（foreign body poisoning）

犬、猫异物中毒是指犬、猫吞食了不能消化或难以消化的外来异物，造成胃幽门或肠道阻塞的疾病。非线性异物包括骨、石头、橡胶玩具、金属（硬币、缝针、鱼钩、纱窗丝线）；线性异物包括塑料袋、丝袜、线绳、毛巾等。

【病因】

犬、猫由于好奇心重吞食家用的缝合针或含有食品的塑料袋，导致健康受损。此外，犬、猫一次性食用大量骨头，可能会出现骨头堵塞幽门而导致胃扩张，进入肠道后造成肠梗阻现象。除此之外，犬、猫食物粗糙、食物中含有尖锐异物、误吞跳球或毛绒玩具、有异食癖乱吃石块或其他物质等也可能导致食道阻塞，危害其健康。

【临床症状】

异物阻塞的位置越靠近前段消化道，呕吐越频繁，且呕吐的量较少。如果阻塞位置靠近后段消化道，呕吐的时间间隔延长且次数减少，但量比较多。病程较长时，动物机体脱水明显加重，皮肤弹力减退，可视黏膜淡白，眼球凹陷，精神沉郁，无饮食和饮水欲望。有些线型异物阻塞，动物仅表现为轻微呕吐，无食欲和饮欲，脱水，消瘦，精神状态初期尚可，后期沉郁。

【诊断】

（1）问诊　询问主人该动物是否有吞食异物的病史，发病经过，呕吐状况，呕吐物的形状、色泽等。

（2）视诊　观察患病动物的精神状态、呼吸频率、体温、脉搏、可视黏膜的颜色、毛细血管再充盈时间、机体脱水程度等。当有碎骨头导致动物直肠段阻塞时，患病动物表现频频蹲坐，做排便姿势。

（3）触诊　触诊部分中毒动物可感觉到肠道内有异常团块状物体。此时需要感知异物的大小、形状、硬度、游离度是否与问诊情况相近，同时注意与体内脏器（肾脏等）、肠系膜肿大淋巴结、粪便等进行区分。另外，某些线型异物很容易造成肠道扭转而引起腹痛，如若强行牵拉则可能撕裂肠道导致腹腔内感染。

（4）X射线检查　在X线片中，可观察到异物的位置、大小、硬度等。如果为线型异物，肠道中可能有小气泡，但不会因气体过度的蓄积而使肠管扩张，必要时可采用造影剂来观察异物及肠扭转的情况。

【治疗】

（1）内科疗法　对体况稍好、病症不典型、吞食异物较小且边缘钝滑的患病动物，可采用保守治疗，通过灌服适量的石蜡油并禁食。对于那些呕吐不止、脱水较重的动物，需要及时补充体液，调整酸碱度，补充能量维持机体的正常运转，补液量一般控制在$40\sim60\ mL/kg$。同时，服用止吐药以缓解频繁呕吐造成的胃肠刺激

（2）外科疗法　手术一般采取肠管切开术，当肠道出现坏死或穿孔时，可根据病灶大小进行部分肠道切除和断端吻合术。

（3）治疗要点　尽快催吐、洗胃或导泻，清除未吸收毒物；依据毒物性质使用特效解毒剂；进行对症治疗，如维持呼吸、循环功能，纠正水盐代谢和酸碱平衡紊乱；密切观察，做好护理，防止并发症发生。

【预防】

保证饲料营养的丰富性及全面性，避免因此导致的异食癖；定期驱虫；注意小动物是否有吞食异物的行为；及时清理家中异物等。

【复习思考题】

1. 一氧化碳中毒的机理及症状是什么？
2. 异物中毒的病因是什么？
3. 水中毒的临床症状与病理变化是什么？

参考文献

[1] BYERS R K. Lead poisoning: review of the literature and report on 45 cases [J]. Pediatrics, 1959, 23 (3): 585-603.

[2] DELAPORTE J, MEANS C. Plants [M]. Small Animal Toxicology Essentials. Wiley-Blackwell, 2011: 147-160.

[3] DUNAYER E K. Hypoglycemia following canine ingestion of xylitol-containing gum [J]. Vet Hum Toxicol, 2004, 46 (2): 87-88.

[4] FITZGERALD K T. Lily Toxicity in the Cat [J]. Topics in Companion Animal Medicine, 2010, 25 (4): 213-217.

[5] KORE A M. Toxicology of Nonsteroidal Antiinflammatory Drugs [J]. Veterinary Clinics of North America: Small Animal Practice, 1990, 20 (2): 419-430.

[6] MCKENZIE R. Poisoning of companion animals by garden and house plants in Queensland: a veterinary practice survey [J]. Australian Veterinary.Journal, 2007, 85 (11): 467-468.

[7] MURPHY L A, COLEMAN A E. Xylitol Toxicosis in Dogs [J]. Veterinary Clinics of North America: Small Animal Practice, 2012, 42 (2): 307-312.

[8] RICHARDSON J A. Chapter 46-Ethanol [M] //PETERSON M E, TALCOTT P A. Small Animal Toxicology (Third Edition). Saint Louis: W B Saunders, 2013: 547-549.

[9] SAVIDES M C, OEHME F W, NASH S L, et al. The toxicity and biotransformation of single doses of acetaminophen in dogs and cats [J]. Toxicology and Applied Pharmacology, 1984, 74 (1): 26-34.

[10] SCOTT D B. Inferior vena caval pressure [J]. Anaesthesia, 1963, 18 (2): 135-142.

[11] WEISS B, COEN G. Effect of ethanol on ethylene glycol oxidation by mammalian liver enzymes [J]. Enzymol Biol Clin (Basel), 1966, 6 (4): 297-304.

[12] OSWEILER G D, HOVDA L R, BRUTLAG A G, et al. Small Animal Toxicology [M]. Wiley-Blackwell, 2011.

[13] RODER J D. Veterinary Toxicology [M]. Butterworth-Heinemann, 2001.

[14] PLUMLEE K H. Clinical Veterinary Toxicology [M]. Elsevier Health Sciences, 2004.

[15] GUPTA R C. Veterinary Toxicology Basic and Clinical Principles［M］. Academic Press，2018.

[16] RIVIERE J E，PAPICH M G. 兽医药理学与治疗学：第 9 版［M］. 操继跃，刘雅红，译. 北京：中国农业出版社，2011.

[17] CHANDLER M. 小动物胃肠病学图谱［M］. 胡延春，译. 北京：中国农业科学技术出版社，2016.

[18] RAMSEY I. 小动物药物手册［M］. 袁占奎，裴增杨，译. 北京：中国农业出版社，2013.

[19] PETERSON M E, et al. 小动物毒理学［M］. 郝智慧，等译. 北京：中国农业大学出版社，2014.

[20] 陈焕春. 兽医手册［M］. 北京：中国农业大学出版社，2013.

[21] 陈杖榴，曾振灵. 兽医药理学：第 4 版［M］. 北京：中国农业出版社，2018.

[22] 陈金山，郑玉姝，韩庆功. 动物疾病学［M］. 北京：中国农业大学出版社，2018.

[23] 宠物医生手册编写委员会. 宠物医生手册：第 2 版［M］. 沈阳：辽宁科学技术出版社，2009.

[24] 达能太，李国中. 动物中毒病防治手册［M］. 宁夏：阳光出版社，2015.

[25] 郭定宗. 兽医内科学［M］. 北京：高等教育出版社，2016.

[26] 胡功政，李荣誉. 新全兽药手册［M］. 郑州：河南科学技术出版社，2015.

[27] 候加法. 小动物疾病学［M］. 北京：中国农业出版社，2002.

[28] 黄克和. 兽医内科学［M］. 北京：中国农业出版社，2020.

[29] 路浩. 动物中毒病学［M］. 北京：中国农业出版社，2018.

[30] 李巨银，刘新武. 动物中毒病及病毒检验技术［M］. 北京：中国农业科学技术出版社，2012.

[31] 马学恩，王凤龙. 兽医病理学［M］. 北京：中国农业出版社，2019.

[32] 刘宗平. 动物中毒病学［M］. 北京：中国农业出版社，2006.

[33] 沈建忠. 动物毒理学［M］. 北京：中国农业出版社，2011.

[34] 史志诚. 动物毒物学［M］. 北京：中国农业出版社，2001.

[35] 王建华. 兽医内科学［M］. 北京：中国农业出版社，2010.

[36] 王九峰. 小动物内科学［M］. 北京：中国农业出版社，2013.

[37] 王志强. 犬猫临床用药手册［M］. 上海：上海科学技术出版社，2009.

[38] NELSON W R. 小动物内科学：第 3 版［M］. 夏兆飞，张海彬，袁占奎，译. 北京：中国农业大学出版社，2012.

［39］ 于世鹏，高东升，李治红．急性中毒［M］．北京：中国医药科技出版社，2006．

［40］ 余祖功．兽药合理应用与联用手册［M］．北京：化学工业出版社，2014．

［41］ 赵双正，倪秉玉．动物中毒病防治手册［M］．成都：四川科学技术出版社，2011．

［42］ 祝俊杰．犬猫疾病诊疗大全［M］．北京：中国农业出版社，2005．